圖解
櫃體百科

六大櫃體╳七大區域╳特色拆解
300+櫃體、施工圖面一次網羅

i室設圈｜漂亮家居編輯部　著

Contents

圖片提供＿一它設計

1 開放櫃

圖片提供＿木介空間設計

通常在幾種情形下會運用開放櫃設計：使用頻率高的物品、展示型的物品，如杯盤、包包等，優點是方便好拿取，若遇到畸零、轉角空間一般也會採用開放櫃體形式，可降低空間的壓迫性，另外，需要散熱、通風的設備或家電，也很適合用開放櫃。此外，開放櫃依據設計可強調水平或垂直不同向度的空間特性，創造無邊際的寬廣感受。不過缺點是開放櫃容易堆積灰塵、清潔維護需要較為費心，地震時也會有掉落物品的可能。

專業諮詢：王采元工作室

開放櫃
常使用材質

材質 1 × 金屬板材

金屬具有輕薄、俐落的特性,製作成開放櫃可以創造輕盈的視覺效果,降低量體的沉重與壓迫性,而且結構穩固扎實,耐重度相對也很高。金屬板材有厚薄之分,以鋼板為例,習慣上將 3mm 以下列為薄板、3mm ～ 6mm 為中厚鋼板、6mm 以上為厚鋼板,可依需求選擇適合的厚度。表面加工方式包含髮絲紋、亂紋、拋光與壓紋,髮絲紋可呈現霧面線條感。

材質 2 × 玻璃

玻璃的穿透特性,可以讓櫃子呈現輕盈通透的效果,尤其是以陳列為主的用途,更能襯托凸顯物品特色,另外耐用防潮濕的優點,也很適合規劃在浴室使用,但建議必須經過強化膠合加工,否則強化玻璃可能會有無預警爆裂的問題。

材質 3 × 木板材

木板材包括實木、實木夾板或是木心板貼實木皮等作法,通常木板都需要一定的厚度,如果選用實木要考慮厚度,建議選用 3 公分左右,減少變形的可能。假如使用木心板製作層板,須留意木心板條的方向,避免載重變形,另外貼木皮前也要仔細確認想呈現的紋理走向,結果出來才能更符合期待。

攝影＿江建勳
金屬提供＿壹式設計
整合有限公司

圖片提供＿木介空間設計

圖片提供＿木介空間設計

開放櫃
常使用工法

工法 1 × 施作

如果是一般 6 分板（約 2 公分厚度）板材，可使用斜撐五金或是以台扣工法施作先將角料釘在牆上，桁架完成後再上下封板，可加一層牆板咬住層板，若爲實木材料，建議在牆內以白鐵棒植筋，結構更爲穩固。

工法 2 × 銜接

開放櫃包括立板與層板結構，垂直立板跟水平層板的鎖合五金不外露，需要採用包覆的方式，通常是水平層板用貼木皮手法，就可以把鎖合處包在層板裏面。實木板則是可以用植筋方式固定在牆上，但如果要鎖合立板五金，除了利用溝槽嵌入之外，只能選擇露明。

開放櫃
常使用照明

照明 1 × 嵌燈

開放櫃的用途如果是希望展示收藏品，通常會規劃光源可以重點投射、聚焦在物品上，嵌燈可以近乎平貼安裝在櫥櫃內，視覺上較爲美觀，亦有可調整式嵌燈能改變投光角度。

照明 2 × 層板燈

層板燈一般來說需要先計算好尺寸讓木工開槽，另外一種做法是選用 1/4 圓弧軟條燈，在層板下緣靠近前緣的地方設計飾板藏燈，讓光源可以往層板內部投射，暈染出柔和的燈光

照明 3 × 投射燈

投射燈的光屬於光束形，可創造出畫廊般的氛圍，加上可調整光線的投射角度，能依據不同的主體配置彈性調整，屬於開放櫃中方便且經濟實惠的選擇。

圖片提供__王采元工作室

開放櫃
這樣做

開放櫃 × 使用目的

根據使用狀態需求，有門片會不方便經常取用的情況下，例如：書籍、杯子，一般會建議設計開放櫃的形式，若擔心灰塵問題，可結合周遭空間設計橫拉門，讓拉門可同時成為櫃體門扇使用。

開放櫃 × 空間搭配

開放櫃可以凸顯空間中的水平向度，也能為立面創造均值化的效果（格子櫃），需要搭配全室格局配置或是戶外條件進行整體性設計。例如進門深度不夠，開放櫃的延伸設計，能夠帶來延展視覺效果的作用。

開放櫃 × 注意事項

設計開放櫃必須考量放置物品的類型、重量，以及在空間存在的特性，物品大小尺寸也需考量板材承重，動線規劃上也要留意是否會影響行走、進出的壓迫性，以及會不會容易撞到等。設計開放櫃必須考量放置物品的類型、重量，以及在空間存在的特性，物品大小尺寸也需考量板材承重，動線規劃上也要留意是否會影響行走、進出的壓迫性，以及會不會容易撞到等。

吸睛焦點

鍍鈦展示搭配燈光創造迎賓效果

因爲此案坪數較大，其他空間已經有足夠的收納，因此於玄關入口轉角設置一全開放展示櫃，利用鍍鈦層板營造輕奢華印象，並且中和空間其他木質櫃體所帶來的沈重感，而搭配嵌燈與燈條則增加進門歡迎與夜間指引作用。

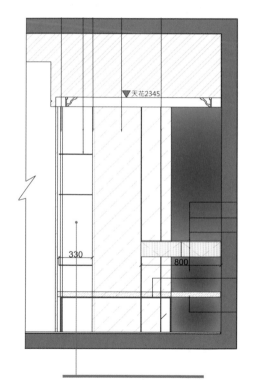

▼天花2345

330

800

尺寸解析。開放展示櫃高 225 公分，寬 33 公分，其中利用不同的高度差打破制式視覺。

材質選配。鍍鈦方管與層板建
構輕奢風格的展示櫃體，爲大
量木材質的空間勾勒細膩線條。

多功能

弧形層架巧作動線兼具收納

這間 47 坪的空間為橫長形格局，大門又位處中央，為了有效讓動線分流，同時巧妙遮掩入門視線，玄關前方安排弧形層架，區分左右動線，開放式的設計能展示屋主的書籍與收藏品，光線與視線也能通透，玄關不陰暗狹小。

圖片提供＿甘納空間設計

設計細節。弧形展示牆具備雙面收納的機能，面向客廳能安放電視，鏤空的開放層架則能充實玄關與客廳收納，也能作為隔牆，藉此隱性劃分兩區。

工法運用。整體先做天花，再將層架嵌入天花鎖住，懸浮層板則利用立柱分割，一段段相嵌，避免過長的跨距。

圖片提供＿甘納空間設計

好輕盈

虛實相間櫃體整合玄關收納

位於玄關處的虛實相間櫃體，以白色為主色調，右側為鞋櫃，左側為收納櫃，中間鏤空處可擺放零錢、鑰匙等小物，或是香氛營造放鬆的入口氛圍，而懸空設計消弱大量體的壓迫感，下方也能擺放常用外出鞋與拖鞋。

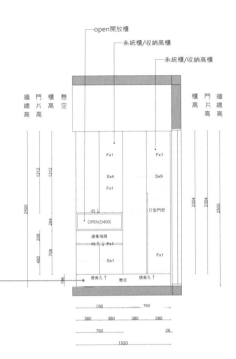

尺寸解析。懸空離地20公分方便擺放常用外出鞋與拖鞋。

設計細節。門片利用溝縫作為把手，一般為2公分，但屋主擔心通風透氣問題，因此特地加寬也成為造型設計。

圖片提供＿寓子設計

放大空間

跳色櫃體劃分場域

進入室內，設計師將電視牆面與玄關櫃利用深淺跳色巧妙界定場域，同時展現內縮感放大空間。墨綠色玄關櫃體靠大門處利用兩格開放櫃及下方抽屜方便擺放出入小物、信件等，側邊門片櫃則能滿足鞋類收納。

圖片提供＿寓子設計

設計細節。爲了不阻擋動線，玄關櫃沒有設計門把而是利用 2 公分溝縫作爲取手。

尺寸解析。玄關櫃深度爲 40 公分，並採用活動層板，可以自由調整高度。

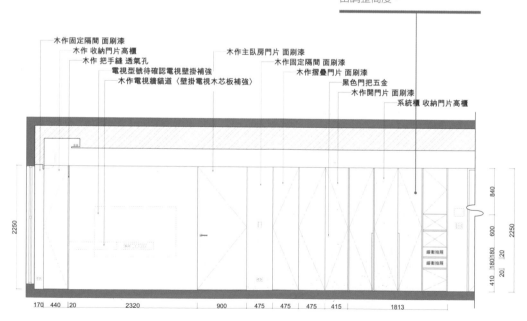

木作固定隔間 面刷漆
木作 收納門片高櫃
木作 把手縫 透氣孔
電視型號待確認電視壁掛補強
木作電視牆貓道〈壁掛電視木芯板補強〉
木作主臥房門片 面刷漆
木作固定隔間 面刷漆
木作摺疊門片 面刷漆
黑色門把五金
木作開門片 面刷漆
系統櫃 收納門片高櫃

隔間 X 收納

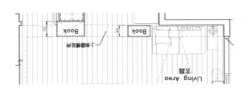

用高度創造整合隔間與收納的櫃牆

業主為專職作家身分，不僅擁有豐富的藏書量，與另一半也需要各自獨立的寫作空間，然而由於坪數有限，加上室內較無完整且連續牆面能規劃一般書牆形式，於是轉而利用高度，由沙發背牆到臥房入口拉出一道連貫且穿透的書櫃，既滿足書籍置放，同時兼具隔間、結合投影機設備的使用需求。

工法運用・考量層板中段需要鎖固投影機設備，在 4 公分厚的木作層板內，請木工增加木心板，強化結構性。

設計細節。間距橫向層板稍微內凹 0.6 公分～1公分左右，與垂直面的層板產生進退，令櫃體更有立體感。

圖片提供＿十一日晴空間設計

複合機能

鐵件書架兼具隔間、陳列機能

此案格局上面臨進門後就是餐廳，沒有獨立玄關空間，公共領域也需要較多的收納，利用雙面櫃體形式拉出一座兼具劃分場域的機能性隔間，面對玄關一側爲鞋櫃，而餐廳一側則規劃爲開放形式書架、陳列架，形塑如咖啡館般的生活氛圍，也爲公領域創造一道視覺端景。

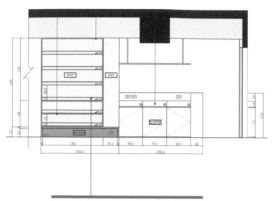

尺寸解析。 以陳列概念擺放書籍的層架深度約 20 公分，前方加設圓管鐵件，亦可雙層堆疊 2～3 本雜誌或是擺放小型傢飾品。

材質選配。 鐵件層板與 10mm 圓管鐵件烤漆色對應系統櫃板材色號，異材質搭配銜接更協調一致。

圖片提供__木介空間設計

整合收納

沿牆設置大型櫃體虛實隱現

公領域沿牆規劃一大型櫃體,除了儲藏客廳
的日常用物,也藉此收納書籍與展示物。櫃
體中有開放的兩層層架,上方者用以展示收
藏與擺飾,下方則提供餐廚區域的電器擺放
空間。場域以米白色系為主調,搭佐黑色框
線勾勒出現代俐落感。

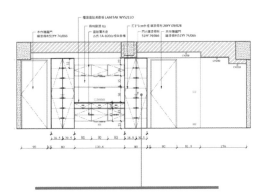

材質選配。 黑色框線採木作噴上細砂仿鐵件突顯材
質特色,櫃體中間的黑色邊線嵌在其一門板上,而
非以隔間的方式做出黑邊線,藉此增加內部收納空
間;上方櫃體則因水性刷漆的牆面與櫃體的噴漆兩
者異質,故留有細小溝縫,而非直接平面相接。

尺寸解析。 櫃體總寬度約 330 公分,兩
邊黑色框線櫃體發展出約 40 公分左右深
度,設置門片讓櫃內可擺放較為凌亂的
物件,使空間視覺保持整齊。

圖片提供＿知域設計╳一己空間制作

多層次

開放與封閉相接，降低沉重感

沿著客廳沙發背牆安排整面收納，爲了避免過於沉重，部分櫃體改以開放設計，鏤空效果能減輕櫃體的厚重感，在視覺比例上也更爲協調。整體以系統櫃爲主，部分門片改以木作訂製細緻格柵，增添層次變化的同時也能銜接轉角牆面，達到延伸視覺的效果。

尺寸解析。 櫃體層板間距 25.5 公分高，一般的書籍或展示品都能擺放，由於櫃體有 38 公分深，爲了方便拿取，安排部分的抽屜櫃，利用抽屜方便拉抽的設計，藏在深處的細小物品也容易拿取。

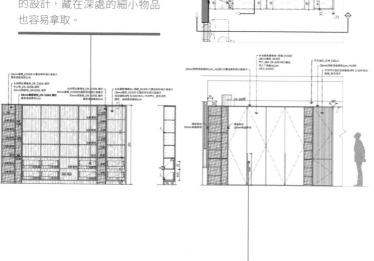

設計細節。 由於家中有小朋友，門片嵌入 Z 字型把手，與門片融爲一體的設計，能避免碰撞到突出的門把，使用上更安全。

畸零運用

櫃子變身小書房

礙於狹長型格局的居家空間坪數不大，較無適合規劃成書房的區域，於是設計師將客廳中的櫃體變化為隱藏版書房：打開門片讓層板變桌板，搭配插座及網路孔，成為一張寬約 80 公分的書桌，上方層架則可收納書籍、資料夾。

工法運用。HDP 塑膠板材對於底材要求較高，需要先經過批土達到平整、沒有毛細孔後再施作黏貼，師傅技術重要之外，費用也稍高。

材質選配。櫃體表面採用仿大理石紋的 HDP 塑膠板材，其可彎曲、耐刮並配有同色收邊條的特性，能讓櫃體展現弧形造型且好維護清理。

圖片提供＿懷特室內設計

圖片提供＿懷特室內設計

吸睛焦點

突破常見書櫃框架

業主是位建築師，擁有非常多書籍，渴望家中有一大面書牆。考量家庭成員有一個小孩，設計者刻意將大人書籍置於高處，讓孩童不易拿取，後方虛實相間的書櫃結合系統櫃與金屬櫃體，並設計較低的書櫃，則為孩子專屬閱讀區。

工法運用。上方櫃體需要靠天花板的結構補強，以結構來說，在 L 型兩點相接的地方為結構最弱之處，因此在那個區域設置一根柱子補強支撐結構，同時也可以界定空間。由於此處保留建商原有地板，地板往下鎖要特別小心，現場放樣的尺寸則需相當精準，確保地磚完美無損。

材質選配。透過鐵工打造金屬書櫃，每幾格櫃體就設置一個擋板，不僅讓視覺更具特色，還兼具書擋機能。

圖片提供＿十穎設計

設計細節。在弧型區域的背板運用金屬沖孔版，一方面可以透光通風，另一方面，即便放滿書亦可隨時觀照書況。

隔間 X 收納

隔屏櫃體整合書櫃、端景與書房

業主夫婦對於家的想像是：可以陪伴孩子學習、享受家人共處的時光，同時全家人也喜愛閱讀，希望書本隨手可得。於是在餐桌與書房之間以半櫃作為隔間，創造共享、寬敞的公共場域，臨餐桌一側的內嵌櫃可擺放各種繪本圖書，100 公分左右的高度，孩子輕鬆就能拿取。

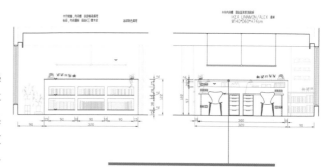

尺寸解析。 櫃體兼具隔間需根據坪數拿捏厚度比例，此案因空間尺度夠大，深度設定 28 公分左右，另一側書房也可增加內嵌置物平台。

設計細節。 木作矮櫃選用淺木色實木貼皮層板，刻意將層板凸出於牆面，透過進退面設計強化立體視覺效果。

圖片提供＿十一日晴空間設計

多功能

雙面組合櫃巧妙劃分空間界線

為了兼顧收納、透光與劃分空間的需求,餐廚安排置頂的白色鐵件層架與橘粉色的組合櫃,巧妙區隔衛浴與更衣室,鏤空的設計能將光線引入室內深處,維持基本採光。白色層架面向餐廚,方便收納藏書與展示品,橘粉色的矮櫃則面向衛浴,能儲藏清潔備品,一旁的高櫃則能收納穿過一次的衣物。

尺寸解析。白色層架每格高約 44 公分、深 31 公分,各種尺寸的雜誌、精裝書都能裝得下。而橘粉色矮櫃高約 96 公分,位於腰部的高度,方便伸手就能放置。

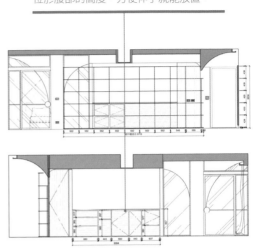

設計細節。鐵件層架順應橘粉色櫃體切割後嵌入,讓兩座櫃體獨立設置,在視覺上又能達到密合效果,達到一體成型的效果。

圖片提供＿甘納空間設計

圖片提供＿甘納空間設計

23

好拿取

不佔空間的淺層櫃取用歸位更方便

此案爲 30 年以上老屋翻修，室內坪數約 22 坪，原始廚房封閉狹小，把隔間打開調整爲開放式格局，擴大廚房空間之外，光線也可以漫射室內。原不規則的衛浴隔間拉齊後，利用這道立面爲廚房增設置物櫃體，爲避免壓縮空間尺度，一側規劃淺層板置物架，深度約 25 公分，適用於瓶罐收納，料理時也好取用歸位。

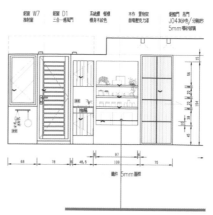

尺寸解析。因太低不易拿取，淺層板最底層高度設定在 45 公分，同時裝設 5mm 厚的鐵件圓桿，避免玻璃罐滑落。

設計細節。置物櫃採用木作面噴壓克力漆，局部跳色與系統餐櫃創造立面的變化性，壓克力漆也可直接擦拭清潔。

圖片提供＿十一日晴空間設計

通透材質

玻璃鐵件打造簡約輕盈感

以中島檯構成洄游式動線的開放式廚房，因應業主喜愛收藏餐具杯盤的需求，期盼能陳列於空間且好拿取，於中島後牆面選用玻璃、鐵件材質，並搭配懸空設計，創造出輕巧通透的開放櫃，同時層架前端加入鐵件圓桿作為阻擋，避免物品滑落。

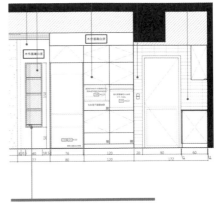

尺寸解析．懸空高度抓 50 公分，避免太低反而不易拿取。

工法運用．懸空的鐵件玻璃櫃體鎖於牆面上須加強結構性，才能確保其承重性。

圖片提供．木介空間設計

展示收納

中島側開口兼具展示增加收納

常見中島收納多半是規劃於靠近水槽一側，
不過在這個案子中，設計師特別內退中島櫥
櫃的尺寸，選擇在側邊設置簡單的開放櫃，
櫃體以鐵件打造而成，與整體氛圍相互呼應，
可放置經常拿取的物品，整齊也不佔空間，
讓餐廚多了不同面向的收納性。

圖片提供＿木介空間設計

尺寸解析。側邊櫃深度約
20 公分，可擺放書籍及裝
飾品，增加空間的端景。

工法運用。系統櫥櫃及人造石
定位後，再利用太棒膠及矽利
康將鐵件櫃固定於櫥櫃上。

陽台門換新/三合一門另選

鐵件直徑5CM圓柱腳/消光黑粉底烤漆

人造石2CM檯面#LG-P001T/四邊導R2圓角

5MM鐵件展示櫃/消光黑粉底烤漆

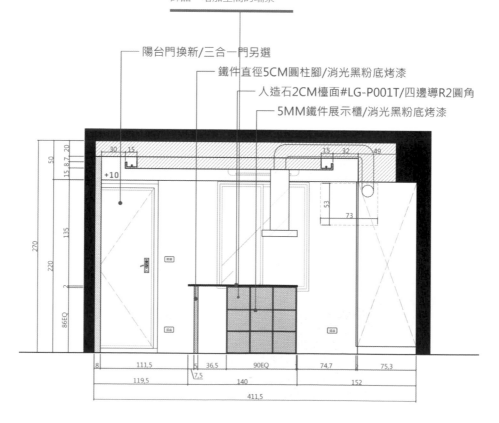

放大空間

面的光源，氛圍加倍

位於吧台後方的開放餐櫃，不想僅僅只是層板收納，因此在背牆部分挖空使用玉砂玻璃且加入燈光，並延伸至天花，增加了吧台區域的照明和氛圍，同時也將視覺延伸至天花，模糊了壁面和天花的界線，讓空間感受更加放大。

圖片提供＿奇逸空間設計

設計細節。 右側有設置玻璃門片，左邊維持開放式收納，增加此處的收納功能性，且不影響整體視覺效果。

材質選配。 層板與櫃體收邊皆使用黑色鐵件，與下方門片收納和吧台相互呼應，視覺更加協調。

圖片提供＿奇逸空間設計

吸睛焦點

橘色餐邊櫃創造亮點

本案位於政大山區，因能看到日出到日落，有如生命循環的過程，因此設計師將部分區域選用橘色，並以中島檯面搭配餐櫃，打造開放式餐廚設計。從磁磚到油漆都盡量選擇與系統櫃類似的顏色，讓整體空間達成一致性。餐邊櫃則透過虛實相間的系統櫃配置，增加更多收納量。

工法運用。 系統板材在工廠已經加工完成，送到工地現場不須再油漆，施工速度比木工快，不過須在板材相接處預留伸縮空間，否則遭遇地震或搖晃可能導致板材出現裂縫，進而損壞。

材質選配。 系統板材無須定期保養，清潔上更方便，但要注意防潮能力較天然石材差，建議盡量不要用於濕區，避免長期下來板材膨脹、爆開。

圖片提供＿十穎設計

實用美觀

展示兼收納餐邊櫃

本案廚房外就是餐廳，此餐櫃扮演了好幾個
角色：能放置咖啡機、氣泡水機，當作餐邊
櫃使用，冬天想煮火鍋，也可以放在上面備
料等。透過上下隱藏收納搭配中間內凹設計，
營造豐富視覺層次。內凹處選用石材，不怕
水的特性亦較好清理，是相對於木作來說更
穩定的材質。

工法運用。 預留好電線後裝
設櫃體，當櫃體裝設工程結
束後，利用石材黏著劑將板
材與石材黏著在一起，最後
再利用石材美容修補縫隙。

材質選配。 由於櫃體主要材質為系統
板材，考量到備餐時多少會有水氣出
現，所以上下左右與底部均貼上大理
石避免影響到四周的系統櫃。

圖片提供＿十穎設計

吸睛焦點

滑門隱藏吧台機能

考量餐廳也會使用到簡單的小家電及清洗物品，於是將水槽、小冰箱與開放收納結合，並使用左右不對稱的灰色拉門，讓餐廳使用更加便利，同時維持視覺整潔。而櫃體左邊使用鈦金層板增加展示空間，並創造視覺焦點。

圖片提供＿奇逸空間設計

材質選配。開放展示櫃使用鈦金層板，創造空間焦點，讓收納也能作為美麗端景。

燈光效果。層板下方加入燈條，增加空間氛圍，同時提高餐廳亮度。

圖片提供＿奇逸空間設計

多功能

餐櫃鏤空，圈出輕食茶水吧檯

由於廚房後方正好是臥室與衛浴的入口，為
了不浪費中央的空白牆面，安排置頂餐櫃，
充實收納機能的同時，也能作為輕食區使用。
櫃體中央能設置咖啡機、熱水壺，打造專屬
的咖啡茶水吧台，同時收納大量餐具與零食
雜糧，整體採用灰色鋪陳，中央點綴咖啡色，
凝聚沉穩質感。

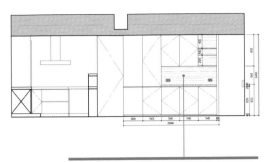

尺寸解析。 為了能容納大量的小家電，櫃
體中央鏤空留出寬約 164 公分、深度 29
公分，咖啡機、小烤箱都能放得下。考量
到拿取的方便性，上方高櫃則離地 147 公
分高，屋主一家四姊妹都能拿得到。

材質選配。 餐櫃桶身採用灰色美耐
板，具備防潮耐用的特質，中央的
置物檯面與背板則嵌入咖啡色的人
造石，表面光潔亮麗又好維護。

圖片提供｜甘納空間設計

跨場域

圖片提供＿ FUGE 馥閣設計集團

局部開放，豐富立面表情

此案格局經過一番調整，將房間挪移位置，公共場域集中在一起，而在櫃體規劃，由玄關 L 型櫃延伸至客廳、餐廚，為兩場域提供不同物品收納的需求，局部搭配開放櫃形式，創造櫃體的變化性。

材質選配。開放櫃層架選用木頭與鐵件混搭，異材質設計豐富櫃體造型。

設計細節。鐵件立板並非垂直、而是稍微傾斜設計，為業主設定好傢飾品擺放的格櫃比例，簡單陳列就會很好看。

R35

固定層板
固定層板
固定層板
固定層板

抽屜
抽屜
抽屜
抽屜

環境機器人

131(EQ4=30.7)

26.5 15 15

97

26.5

30 0.5
40 71 52
56
62 111 62
108 275 114.5

展示 X 隔間

雙面櫃打造秘密基地

宛如秘密基地的女孩房，床鋪形式透過 L 型開口，打造洞穴感塑造安心寢臥氛圍。此年紀的孩子已經開始有妝點生活的個人觀點，渴望房間可以主張自我。設計師建議，不要全面使用封閉隔間櫃避免空氣不流通，因此右半作為雙面空格櫃，可擺放書籍與蒐藏，當作展示陳列。左半部櫃體設置雙面櫃，內部採開放式設計，躺在床上，可以看到掛起來的衣服，外部則以門片維持整齊視覺。

五金挑選。床底下的踏階為抽屜可以拉開使用。床底選用特殊五金，藏有上掀式收納，此外，左手邊側面平台同樣藏有上掀櫃體，能夠收納換季衣物。

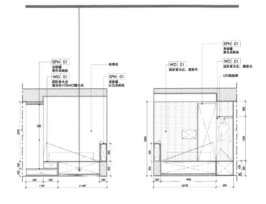

材質選配。材質為系統櫃搭配木作，系統板材好清潔又不易髒，但部分斜面需搭配木作才能達成。

圖片提供＿＿十穎設計

33

複合隔間

造型櫃體空間界定、修飾柱體

靠近落地窗的轉角處有隻大柱子，因此利用
曲面的造型牆面包覆柱體，讓視覺上較為圓
滑、柔和。而收納牆面後方是書房，弧形櫃
體不僅提供雙面收納同時做為空間分界，且
上下鏤空保持空間穿透性，也減輕櫃體的壓
迫感。

圖片提供＿奇逸空間設計

材質選配。整個櫃體使用木作並上
特殊漆處理，特殊漆的紋理增加空
間層次和櫃體的設計感。

設計細節。將牆面依照弧形的方式
挖空做層板收納，右側還加入燈光，
增添空間氛圍，讓櫃體造型感十足。

圖片提供＿奇逸空間設計

好拿取

隱藏搭配開放櫃體收納更方便

本案為一間內含獨立衛浴的小孩房，床邊安排迴字形動線，將床置於臥房正中間，床頭背板後方留有走道，當孩子挑書時，可以席地而坐，直接靠在床頭背板。背板刻意做得較低，走入房間可以清楚看到上方為門片櫃，下方是開放式書櫃，打造通透視覺。

尺寸解析。開放式書櫃的高度經過計算，依孩子的身高可以拿到書的高度來做設計，挑完書可以席地而坐，或者站著瀏覽書籍、玩具。

材質選配。系統櫃搭配木作，床頭後面的背靠為木作，虛實相間的櫃體皆為系統櫃。

圖片提供＿十穎設計

好輕盈

隱藏櫃體，虛實相間

臥室進門右側即爲書櫃，特殊漆從牆面延伸
至櫃體上，讓櫃體融入立面之中，書櫃左側
挖空增加開放收納，同時也減輕吊櫃的厚重
感，下方利用鐵板外包大理石作爲層板，增
加收納量又不產生壓迫，而石材下方嵌入燈
帶，增加空間氛圍。

設計細節。左下櫃體和書桌
使用深紅色爲空間增添色彩，
也讓書桌更加有設計感。

工法運用。櫃體門片皆留有 2 公分溝
縫作爲開啟的把手，隱藏櫃體把手，
讓空間線條更乾淨俐落。

圖片提供　奇逸空間設計

滿足收納

圖片提供＿十一日晴空間設計

將收納盒尺寸納入思考的大容量書牆

男業主認爲書中自有寶藏，希望家能容納很多藏書，因此不只公共區域配置許多層架放置書籍，同時規劃了獨立書房搭配整面書牆設計，開放層架形式方便拿取與整理，也可以增加收納盒收整文具、文件等細瑣的雜物。除此之外，考量書籍量較大，櫃體採用木工訂製打造，承重性相對也比較好。

設計細節。櫃體底部包覆踢腳板，方便利用踢腳板後方空間作走線設計，增設插座使用。

尺寸解析。設計溝通前期了解業主偏好使用收納盒的習慣，因此櫃體跨距設計以收納盒寬度作基礎設定，盡可能不浪費層架的使用。

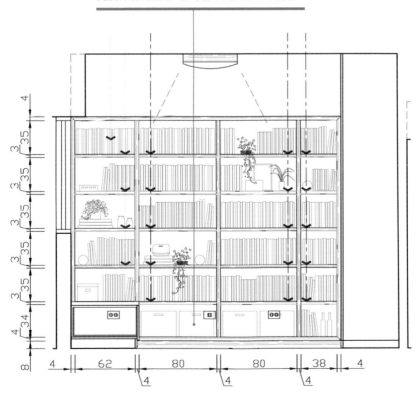

引光穿透

雙面開放櫃創造視覺與光線通透

此爲獨棟住宅空間，動線上必須先經過書房才會接續臥房，避免書房及樓梯空間感受太壓迫，利用開放櫃體做出區隔，並讓視線維持通透舒適之外也保有光線流通。此外，有別於一般櫃體多爲等分分割設計，這邊特別採用兩側較寬、中間細長形的分割造型，讓櫃體產生變化，避免過於呆板。

尺寸解析。櫃體深度 60 公分，兩側皆可使用，細長格櫃寬度 15 公分，可穿插擺放傢飾單品增添視覺的豐富性。

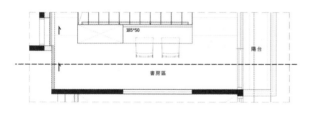

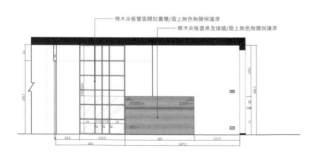

圖片提供＿木介空間設計

材質選配。選用樺木夾板為主要材質，表面擁有天然的木紋，色澤氛圍自然。

圖片提供＿木介空間設計

穿透視覺

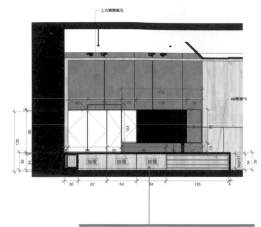

兼具隔間、收納兩用

在客廳與書房間規劃一矮端景櫃,並結合客廳懸空式電視牆,低矮的櫃體設計讓空間不但有了區隔,且視覺仍然可跨越,同時兼顧隱蔽性又避免過高的櫃體所產生的視覺壓迫感。除此之外,抽屜能收納影音電器用品,而開放櫃體則有收藏書籍與展示的功能。

材質選配。大面積電視牆使用黑鐵烤漆塗料處理,櫃體則以木作打底,面貼矽鋼石,帶出沉穩質感。此外,也結合不鏽鋼發色板,巧妙反射光線營造出空間內的寂靜平和。

尺寸解析。低矮櫃體分割三個平均寬約 60 公分的抽屜,深度約 30 公分,具有收納電器的功能。電視牆背面開放櫃則可以收納書籍。

圖片提供__ Studio X4 乘四研究所

創造層次

開闔相間，減輕壓迫

為維持乾淨視覺效果，將書房書櫃採用門片收納，並利用色塊增加書櫃造型，且在色塊處挖空增加平台收納，也減輕櫃體的壓迫感，同時也預留未來置放事務機的插座及空間。

設計細節。內部使用活動層板，可自行隨書本人小調整高度。

燈光效果。書櫃左側設置燈條，延伸至天花，讓空間視覺更加延伸，也增加書房氛圍。

圖片提供＿蟲點子創意設計

多元收納

局部搭配上掀雜誌架，美感翻倍

37 坪左右的住宅，業主喜歡閱讀也有收藏樂
高的嗜好，然而房子窗面較多，缺乏完整牆
面創造不同收納櫃，因而利用中島廚房銜接
餐廳 240 公分寬立面打造整合書牆、陳列櫃
體。同時爲了避免視覺上較爲凌亂，書櫃部
分加入上掀門板，平常可挑選具有設計感的
封面做擺設，底層抽屜則適合收納其他瑣碎
的文具或雜物。

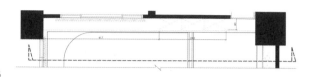

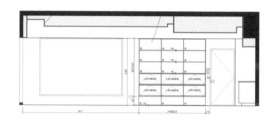

設計細節。除了放置城堡樂
高格櫃是固定高度，其他層
板皆有鎖孔設計可根據需求
調整高低。

設計細節。從人體工學視線去
思考不同用途格櫃的高度安
排，因而將陳列爲主的開放隔
櫃放置於較高層板處。

圖片提供＿木介空間設計

滿足收納

半鏤空隔間藏書牆

客廳書櫃牆以半門片、半開放方式收納屋主海量藏書，讓兩人能隨心所欲彈性調整擺放方式；右側櫃體最上層選用玻璃層板取代木板，希望藉由跳脫單一材質讓視覺通透、不呆板。沙發後方的書櫃角落特別規劃一處臥榻，提供上方照明與側面置物平台，無論閱讀、編織都能擁有被包覆的安全感，是與心靈獨處、放鬆的專屬空間。

材質選配。整片書牆虛實交錯，白色門片櫃爲系統板材，鏤空櫃體則是木作鋪貼實木皮。

設計細節。櫃體頂部還有一排白色層架，選用輕薄細緻的烤漆鐵件減輕視覺壓迫，提供屋主展示星巴克城市杯，邊角貼心設置防護欄杆預防地震墜落。

圖片提供＿日作空間設計

多元收納

沉穩木質玻璃書架

書房為屋主臨時辦公、閱讀空間，打造 45 公分深櫃體擺放四合一事務機，方便收發傳真、列印文件。材質上挑選橡木染色做立面基調，木板、鐵片點綴其中，背襯霧黑色玻璃，增加景深之餘更添沉穩氣息。整落櫃體以門片與開放層架、抽屜錯落構成，滿足或遮蔽收納、或好拿隨手放置等多元需求習慣。

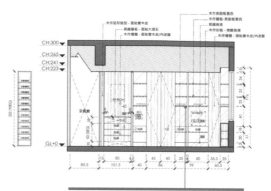

尺寸解析。書櫃區利用 9mm 的薄鐵片、4 公分木板、15 公分抽屜，在開放架中穿插使用，正面以黑、木色統一視覺，單純利用厚、薄做低調變化，令空間整潔卻不顯呆板。

燈光效果。層板下方裝設 LED 鋁擠型燈條，由擴散膜流洩出的光源更均勻，為開放書架帶來穩定照明效果。

圖片提供＿工一設計

圖片提供＿太硯設計

富彈性

成長型兒童房收納

小孩房以大量溫潤的木質搭配純白壁面，融入全室自然林木自然主題，營造舒適無壓的睡寢、閱讀場域氛圍。書桌區規劃開放架、搭配簡單抽屜收納，存放常用文具書籍，待日後用品逐漸累積增加，則能擴充擺放至左側落地層架中。

尺寸解析。房間將伴隨小朋友成長，因此門片衣櫃收納直接採用成人標準尺寸加以規劃，預留 100 公分的吊掛高度，方便未來無須改動、持續使用到長大成人。

燈光效果。書桌於層板前端距邊緣 5 公分處內嵌 2 公分 X2 公分鋁擠型燈，選擇高瓦數、有擴散膜的型式，確保亮度足夠且均勻，直接充當小朋友的閱讀燈使用。

木紋系統板開放式書櫃‧書桌

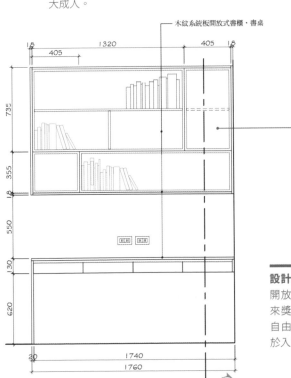

405　1320　405

735
355
550
130
620

1740
1760

02

設計細節。預留書桌右上方的開放層架為活動形式，保留未來獎盃、獎狀等紀念品擺放的自由度；玩具公仔則歸納展示於入口落地開放櫃中。

好拿取

嵌入收納，不佔空間

狹小的衛浴空間，利用原先牆面的厚度，做
嵌入式開放收納櫃，供收納衛浴的瓶瓶罐罐，
也不佔用多餘的衛浴空間。邊緣及層板皆爲
鐵件，清潔容易也不怕潮濕。

尺寸解析。深度大約 15
公分左右，足夠放置衛浴
的各種瓶罐。

材質選配。層板與櫃體收
邊皆使用鐵件，避免潮濕
空間容易損壞。

圖片提供＿蟲點子創意設計

好清潔

隔間整合沐浴收納、座椅平台

以往淋浴區的收納問題，多半藉由懸掛五金配件解決，但這樣的問題是難以清潔，久了容易堆積汙垢。若格局重新調整，浴室櫃體建議可一併結合隔間設計，在砌牆時預留出沐浴用品置物架的深度，往下延伸規劃平台，讓淋浴更為舒適。

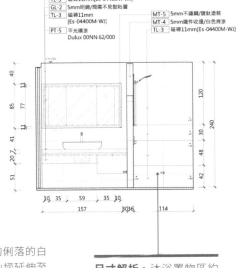

材質選配。 選用簡約俐落的白色大理石紋磁磚自地坪延伸至壁面，營造清爽明亮的氛圍，磁磚材質相對比較好維護保養。

尺寸解析。 沐浴置物區約10公分深、座椅平台最寬處為30公分。

圖片提供＿源原設計

畸零運用

善用內凹空間儲物

坪數不大的浴室儲物空間本身即有限，但每天全家人需要使用的日常用品卻相當多，如果物品都收放在浴室外，要取用又不方便，因此設計師將管道間旁的內凹畸零地規劃為收納櫃，不但不浪費空間，也讓浴室收納坪效達到最高。

材質選用。潮濕浴室裡的櫃子最擔心發霉、生鏽，除了收納櫃體採用防水的 PU 發泡板之外，收納層架也選擇不怕遇水鏽蝕的不鏽鋼鐵件製作。

設計細節。浴櫃設計分為兩部分，門片櫃可擺放保養品及補充用的備用品，層架區則放置需要通風的牙刷等物品，可依生活需求分類收納。

圖片提供__懷特室內設計

彈性收納

浴櫃客製化設計好拿取

洗手台下方櫃體是依照屋主所需所設計，因為有許多零碎物品需要收納，因此設計一個大抽屜可擺放梳子、吹風機等，而左側的開放櫃因為離馬桶較近，則可放置備用衛生紙，最下方層板除了可以放換洗衣物，也可利用市售收納籃，讓收納更有彈性。

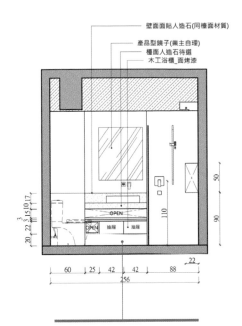

壁面面貼人造石(同檯面材質)
產品型鏡子(業主自理)
櫃面人造石待選
木工浴櫃_面烤漆

尺寸解析。浴櫃離地 20 公分方便清掃，左側鏤空格櫃確認衛生紙尺寸後留 25 公分，層板高度則為 15 公分，一般市售竹籃、收納籃皆能輕鬆放入。

材質選配。一般浴櫃多是使用系統櫃，於工廠製作時即以機器六面封邊，表面不易進水，此外，做好乾濕分離也能延長櫃體的使用年限。

圖片提供＿構設計

吸睛焦點

玄關端景櫃成公仔展示舞台

屋主爲海賊王粉絲，希望能將珍藏的寶貝公仔們展示在顯眼處，而從玄關踏入室內後，抬眼可見的端景櫃體就成爲最佳舞台。提前調查好公仔們的平均身高，將頂天落地櫃分爲六層，層板下方內嵌 LED 燈帶，除了聚焦照明外，亦能充當夜間輔助光源。而後方開放櫃體則收納展示女主人的退役腳踏車、露營器材等，出遊時拿取、歸位皆相當便利。

材質選配。圓弧櫃體選用 3mm 厚的直紋杉木皮鋪貼，木皮染偏淺褐色用以呼應客廳另一側的香杉實木櫃，維持全室視覺的統一調性。

工法運用。代表女主人回憶的腳踏車吊掛於櫃體壁面，雖然腳踏車重量不重，但爲了強化五金咬合穩定度與安全性，設計師特別在壁板後方加裝落地木芯板補強。

圖片提供__日作空間設計

多功能

私領域的溫暖小玄關

踏入住家私領域,設計師利用柱體與房間間隙,選擇鍍鈦金屬材櫃體搭配 LED 暈黃光源,在通往睡寢休憩空間的四方動線上營造簡潔、溫暖的視覺感受,同時提供照明、展示、收納等多重機能,成為專屬於一家人的私密「小玄關」。

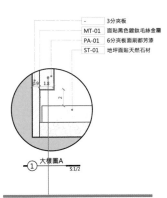

-	3分夾板
MT-01	面貼黑色鍍鈦毛絲金屬
PA-01	6分夾板面刷都芳漆
ST-01	地坪面貼天然石材

大樣圖A S.1/2

燈光效果。 LED 光帶裝設在鍍鈦層板、抽屜內側下方,不直射的間接光源設計,搭配黃光營造溫暖氛圍,成為寢區廊道中心具有舒緩照明機能的收納量體。

圖片提供__工一設計

材質選配。 此處層板約莫 60 公分左右,與抽屜門片皆選用 3mm 厚度的黑色亂紋鍍鈦金屬板,除了能提供足夠支撐力,亦可塑造櫃體無多餘線條的輕薄簡潔效果。

日式氛圍

雙開口客房解放格局

鄰近客房區的開放櫃端景半牆，左側爲白色木拉門、右側是鋁框玻璃拉門，特殊雙開口規劃，平時可完全收攏於半櫃後方、彈性擴增公區動線。以餐桌爲中心，客廳、客房分別爲兩翼，組構口字型動線，讓住家在保有客房機能前提下，無需犧牲任何一段臨窗區光源，享受視覺穿透與動線自由。

尺寸解析。半牆開放展示櫃身兼客房隔間牆與兩道拉門收納核心，全收攏的總厚度約爲25〜26公分；右側爲口袋門設計，牆面留白處爲鋁框玻璃拉門完全收入牆面的寬度。

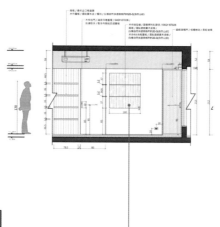

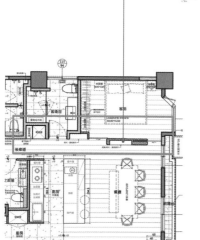

材質選配。左側落地櫃背板爲香杉企口板直鋪，10公分寬格柵設計，搭配面貼實木皮層板，爲室內空間帶來木質特有的香氛與紓壓視覺。

設計細節。最左側白色櫃體設定深度達 60
公分，因其緊鄰兩間衛浴，將衛浴位移後
的架高糞管整合於下方，其上則規劃爲電
器櫃與高深拉籃。

多功能

減輕壓迫，視覺穿透

玄關進入後左側就迎來一大面櫃體，一路延伸至餐廳，作爲空間主要的收納區，而爲了減輕櫃體的厚重感，上方刻意不與天花連結，且右側轉角處也挖空並以木作收邊，讓行徑過程中能更有穿透感，挖空區也特地保留足夠的深度，讓此處也能作爲閱讀休閒區。

圖片提供＿蟲點子創意設計

尺寸解析。挖空區深度大約 40 公分左右，能舒適的作爲休息區在此處閱讀，下方也設置了抽屜式收納，令空間轉角處也有了更多機能性。

設計細節。挖空部分背牆嵌入洞洞板，可放置平台，增加展示空間，也讓空間有了端景。

圖片提供＿蟲點子創意設計

特殊需求

神桌結合櫃體設計不違和

許多家庭仍有宗教信仰需求，希望家中能規劃神明桌，但又怕與空間格格不入、破壞設計，其實只要讓神明桌與周邊櫃體色調一致，加上運用簡潔俐落的線條框架，即可符合空間美感。在這個案子中選擇於玄關後轉進室內的地方，讓神明桌面對著前方的落地窗景，搭配白色、木皮色調，巧妙融合櫃體之中，一點都不違和。

五金挑選。兩個抽屜之間隱藏抽板滑軌，可拉出擺放供品祭拜，而抽屜也可以收納祭祀用品。

設計細節。考量祭拜燒香過程會產生煙霧，神明桌側面預留格柵通風，將煙霧抽至後陽台排放出去。

圖片提供＿FUGE 馥閣設計集團

圖片提供＿FUGE 馥閣設計集團

尺寸解析。神明桌底部預留空間，可擺放開運風水物件或是植物佈置。

2 層架櫃

圖片提供__ Studio X4 乘四研究所

層架櫃藉由穿透的空隙，能讓光線援引至此處，賦予空間若隱若現的虛實美感；並且能善用內嵌手法搭配造型規則或錯落型層板，創造展示區域、擺放蒐藏品，形成空間中的美麗端景。然而蒐藏品邊框和層板耐重度須注意一定的比例原則，例如陶瓷、花器與邊框的距離就不能拉太近，否則看不出氣質與美感；另外像公仔、書籍等雕塑品，則以長方形為宜，這樣無論大小尺寸都不會被侷限住。層板的固定及耐重度也是施工的考量要點，除了結構的加強，還要精湛的焊接方式才能牢靠穩固。

專業諮詢：Studio X4 乘四研究所、相即設計

圖片提供＿ Studio X4 乘四研究所

層架櫃
常使用材質

材質 1 × 木作

層架櫃多使用木心板，有耐重力佳、結構扎實、具有不易變形的優點。另因可塑性佳，也可做為不同表面的加工，設計尺度較為彈性，從玄關、客餐廳、書房到臥房都能依需求量身打造，甚至透過小比例的分割，放大整體視覺感。另外木作櫃在施工步驟常見比系統櫃多了木作貼皮與噴漆等，在外觀的選擇變化性更高。

材質 2 × 玻璃

玻璃的清亮與透光度，是室內環境「放大」的必備素材之一。在層架櫃中也被廣泛運用為裝飾材，常拿來運用的例如：清玻璃、茶玻、霧面玻璃或噴砂玻璃等。作為櫃體裝飾材，建議厚度在 10mm 以下較佳，普遍來說常見厚度為 5mm ~~ 8mm。

材質 3 × 鐵件

鐵件的承重力比相同體積的實木來得穩固，也較系統板材強度高，因此常運用鐵件做為櫃體結構，或加強層板的承重力。而使用刻意錯開的高低位置讓線條形成活潑律動，則能為單調的櫃體創造輕薄通透與趣味層次感。

圖片提供＿奇逸空間設計

圖片提供＿ Studio X4 乘四研究所

57

層架櫃
常使用工法

工法 1 × 加強承重

層架櫃體常見靠牆面且不做落地式的設計，或在主體中段插進一塊平板做線性切割，因此有加強承重的需求，將鐵件嵌入牆面成為骨幹，可補強其承重性，支撐平板置物的重量。

工法 2 × 鐵件固定

為增加櫃體的耐重度，會將層架結合建築工程中的桁架結構（Truss），以黑鐵圓棒鎖入牆面固定，再規劃層板，能宛如五線譜般地打造線條感的展示層架。

圖片提供__知域 × 一己空間制作

層架櫃
常使用五金

五金 1 × 黑鐵圓棒

層架大都是鐵件或開放式，較少使用五金，比較特別的是黑鐵圓棒，其用於需要承重的結構或是鐵板銜接鐵管，施作時一定要焊滿，避免銜接處裂開。在焊接完畢後，每個焊點或焊道都要磨平，尤其是轉角或是有特殊造型的構件，特別注意表面是否有修平順。

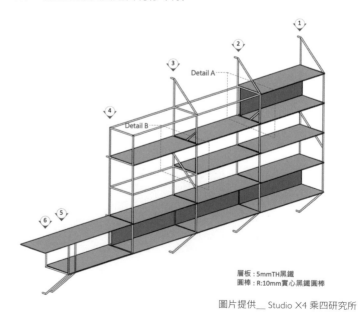

層板：5mmTH黑鐵
圓棒：R:10mm實心黑鐵圓棒

圖片提供__ Studio X4 乘四研究所

層架櫃
這樣做

層架櫃 × 常見風格

層架櫃適合各種風格，尤以木作層架櫃，其溫潤、多元表面材的特性能巧妙融合每個居家，而鐵件層架櫃則常見於工業風與現代風居家。隨著居家品味的多元與年輕化，有個性又不做作的工業風設計成為時尚潮流的一時之選，常見以灰色背景牆階搭配鐵工開放層架打造屋內氛圍。另外，以鐵件為主要結構框架，並變化多元材質如木紋、玻璃鏡面等，則能達到簡約需求的現代感風格。

層架櫃 × 使用目的

在空間內，當屋主期待有充足的收納也達到展示效果時，最常運用的規劃就是沿壁面規劃層架，其不但能彈性配置不同寬度的層板與深度尺寸，也能擺放高矮胖瘦等多種展示品。

層架櫃 × 空間搭配

空間中的層架櫃多以好拿取或是展示為用途，因此常會增加燈光效果來凸顯飾品，常見由上方照射或是側面燈條暈光，而燈光結合於櫃體的造型邊框，例如弧形拱門、平面層板間等，也能讓視線聚焦產生畫龍點睛的效果。

玄關端景

讓層架成爲家中的藝術展示區

從玄關櫃體中拉出懸吊平台，讓此區收納功能
更完整，上方以黑色鐵件連接懸吊平台，弱化
上方大樑視覺，也增加玄關線條感，更讓懸吊
平台成爲空間端景平台，下方是抽屜式收納，
令玄關擁有多樣式收納，滿足收納需求。

五金挑選。 鏡面櫃門反射空間，讓
玄關更加放大，用拍拍手五金省去
把手，視覺更加俐落乾淨。

燈光效果。 櫃體下方懸空並設置光
帶，創造漂浮感，讓櫃體更輕盈。

圖片提供＿思維設計

化解煞氣

酒櫃隔屏，兼具收納與遮擋功能

整體格局經過調動後，廚房與大門相對，為了避免開門見灶的困擾，巧妙結合屋主的品酒習慣，玄關增設酒櫃隔屏，搭配長虹玻璃，適時遮擋看入廚房的視線，也兼具儲藏與展示功能。隔屏運用鐵件烤漆，亮麗的黃金色澤與大理石紋磁磚互相輝映，點綴時尚輕奢氣息。

工法運用。 由於隔屏相對纖薄，分別在牆面與地板鑽孔固定，加強穩定性，而側面螺絲孔則巧妙運用燈條隱藏。

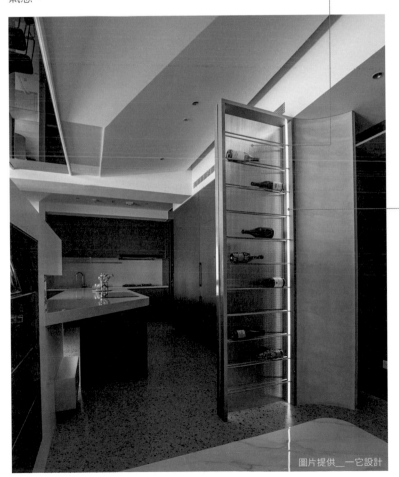

燈光效果。 在隔屏內側嵌入兩道垂直燈條，不僅作為酒櫃的局部光源，也點亮溫暖的入門情境。

圖片提供＿一它設計

61

區域界定

圓弧曲折層架創造隱性屏風

層架除了搭配玻璃創造玄關處的屏風功能，設計上亦符合女主人拿取的高度，能放置多肉植栽或其他盆景，滿足日常園藝的樂趣。屏風圓頂曲線設計呼應主體天花板的圓角，去除銳利感，進而柔化空間，讓木質暖調的公領域內，添加簡約清透視覺，圍塑生活質感。

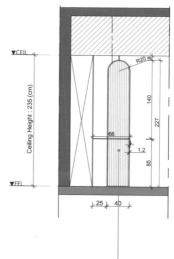

圖片提供＿知域設計╳一己空間制作

尺寸解析。鐵件拱型屏風寬約 40 公分，總高度約 235 公分，另外增設的開放式層架寬約 66 公分，增添錯落美感。R20 圓弧倒角讓視覺更顯趣味多變化。

材質選配。以藝術玻璃為屏風主要選材，搭佐鐵件質地搭建層架，並框繪屏風輪廓，讓整體視線通透而不厚重，也勾勒出隱約的區隔界域。

整合收納

懸浮層架串聯玄關、廚房、客廳收納

在 15 坪的退休宅中，由於玄關、廚房到客廳都需要安排收納，再加上有著全開放、空間小的狀況，因此透過圓弧形的懸浮層架，從玄關一路延伸至客廳電視牆，各區能設置獨立收納空間。一側則順應層板延展出大理石長桌，用餐、閱讀或辦公都方便。

圖片提供＿甘納空間設計

設計細節。玄關、廚房到客廳沿著懸浮層架，設置垂直的收納空間，滿足各區的置物需求，開放式的鏤空設計也能削弱櫃體的存在感，避免過於沉重，維持開闊的空間感。

工法運用。由於懸浮層板的跨距較長，用於支撐的立柱，以鐵件五金加強固定至樓板，搭配厚度 10 公分的層板，避免微笑曲線的產生。

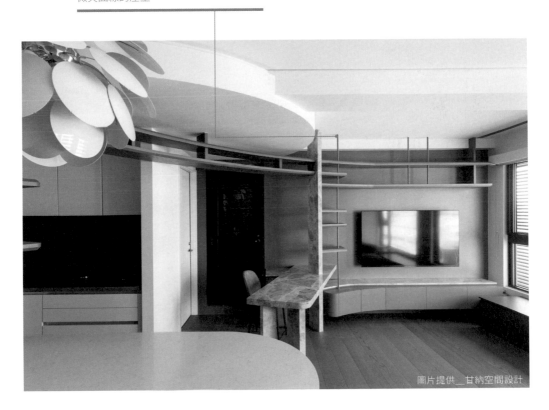

圖片提供＿甘納空間設計

吸睛焦點

層架形塑端景也創造機能

此案格局為四面擁有優異採光的單層單戶，如果做大片量體會浪費空間特性，設計師為保留空間型態，以光面鋼筋結合面漆金屬漆，打造出壁面層架讓光線得以穿透，也賦予層架展示的功能；同時以木作矮箱增加場域收納，更能當成座椅使用，達到一物多用。以鐵件為主要結構框架，並注入些許木紋帶出溫潤質地，展現空間豐富的表情層次。

材質選配。 鐵工開放層架以光面鋼筋結合面漆金屬漆，並搭配 10mm 強化優白玻，除了線條比例上較木頭層板好看，耐重能力也較佳，更為堅固與耐用。

圖片提供 __ Studio X4 乘四研究所

圖片提供 __ Studio X4 乘四研究所

工法運用。 因此案為複合材質的結合，玻璃與金屬尺寸都較難修改，所以在施工前期材質比例與分割都更需要花費精神仔細確認。

視覺放大

錯落層板設計讓展示櫃顯輕盈

15 坪的小宅空間，屋主期望有充足收納機能，設計師在客廳與廚房區域間，沿壁面規劃層架，透過小比例的分割，放大整體視覺比例。開放櫃的背貼灰鏡，並以木作打底面貼木皮；再於立板崁 LED 燈條，讓展示物透過材質與燈條的反射，更容易被聚焦。

圖片提供＿ Studio X4 乘四研究所

燈光效果。利用 4 公分立板崁約 1 公分 LED 燈條，並搭配 5mm 灰鏡，讓光源與後方的質樸內斂的灰鏡形成低調奢華且帶有人文品味的陳列。

尺寸解析。開放式層架配置不同寬度的層板與深度尺寸，能擺放高矮胖瘦等多種展示品。

圖片提供＿ Studio X4 乘四研究所

多功能

一張層板四種功用，實用又美觀

客廳電視牆由開放櫃與隱藏櫃結合，懸空櫃與下方櫃體空間創造鏤空，由此延伸到大門處的層板，同時具有四種功能：透過木材營造壁爐意象，平日移開則可化身為視聽電器櫃、穿鞋椅與玄關隔屏的展示處等。

尺寸解析。隱藏櫃內深 50 公分，並使用活動層板能收納客廳內的雜物。

工法運用。層板下預埋鐵件後以木作包覆，才得以承受穿鞋時突然坐下的人體重量。

圖片提供＿角拓設計

空間端景

橫向鐵件層板營造漂浮輕盈效果

此案為複層住宅，業主想要能陳列書籍和收藏物件的需求，過往書籍不外乎是立著收納，為呈現漂浮於空中的視覺效果，特別規劃水平向的鐵件層板，深色鐵板跳出物品自身顏色，更有懸浮之感，也成為入口主要的視覺端景與空間特色。

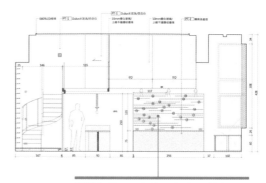

設計細節。層板與層板之間特意預留不同尺寸大小的平台，提供收藏展示使用，也讓畫面更為平衡。

工法運用。鐵板立面與層板先在工廠訂製焊接完成，再到現場與木作隔間接合，鎖固於隔間與下方矮櫃上，與牆面接合處再以油漆做收邊修補。

圖片提供＿源原設計

營造氛圍

餐廚吊架營造氛圍

依照業主用餐習慣設置中島餐廚，夫妻倆不
需要一般制式餐桌，再加上工作時間長、喜
歡坐吧檯椅，設計者特意將用餐與小酌機能
整合於中島，中島設計也是平時用餐的地方，
上方設置隨手好取的吊杯架，可吊掛放酒杯。
木作上面爲置物平台，平台上可點綴植栽，
並於層架底部增設照明設計，營造酒吧氛圍。

圖片提供＿十穎設計

材質選配。設計結合兩種材質：
木作及金屬。木作是用來做結構
補強，而金屬除了補強功能外，
還藏有燈光線路於管線內部。

工法運用。在圖面上先畫好尺寸，鐵工先
將藏電線的外框與套件做好，烤好漆之後
放在現場，接著在木作吊架下方預埋鋁燈
條，最後將金屬與木作以卡榫方式接合。

圖片提供＿十穎設計

好拿取

細緻鐵件，收納清爽不沉重

這間 39 坪的新屋中，廚房有充裕的空間，特地安排深度 120 公分的大中島，下方安排雙面可用的收納，廚房、餐廳都能同時使用。而中島上方則增設鐵件層架，能收納常用的鍋具、杯子或碗盤，縮短使用動線，細緻的鐵件也勾勒清爽線條，看著不沉重，維持通透視感。

燈光效果。為了加強備料、準備茶水的明亮度，層架下方嵌入燈條，補充局部重點光源，洗菜、切菜都能看得一清二楚。

尺寸解析。考量到方便好拿，鐵件層板離中島約 85 公分高，而整體則做到 206 公分的寬度，不僅與寬 4 米的中島有著良好的視覺比例，也擴大收納量。

圖片提供＿甘納空間設計

增添風格

藤編吊架創造風格擴充儲物機能

當廚房沒有多餘的牆面能夠設置一般櫃體時，懸吊層架不但可以擴充儲物機能與兼具展示功能，還可以維持視線的通透延伸性。此案因應業主偏好北歐老傢具的復古氛圍，置物架部分採用木作結合藤編材質，回應整體居家風格，鏤空設計搭配烤白方管鐵件也讓層架更爲輕透。

燈光效果。爲增加操作平台的亮度，層架底部裝設投射燈光，並經由方管結構做走線設計，隱藏燈具讓空間清爽俐落。

工法運用。此案選擇捨棄施作天花板，盡可能保持原有屋高，方管鐵件吊櫃直接鎖固於原始結構上，而內嵌藤編的木作櫃則再鎖於鐵件上。

圖片提供＿十一日晴空間設計

視覺層次

層架結合拉門創造變化、遮擋凌亂

喜歡蒐藏展示廚房道具,又擔心視覺上看起來較爲凌亂,只要裝設一道玻璃橫推拉門立刻就能解決!廚房開放層架提供各種生活道具陳列也方便取用,格子玻璃拉門適當給予遮擋,搭配不同形式的收納變化,如層板、抽屜等運用,以及造型磚牆的材質添加,讓立面更有變化與生活況味。

圖片提供＿十一日時空間設計

材質選配。木層板包覆ㄩ字形 1mm 不鏽鋼板,下方鎖固四顆螺絲,可保護層板避免受電鍋蒸氣影響。

尺寸解析。左側檯面第一層高度特別拉至 56 公分左右,作爲電鍋、咖啡機等小家電設備使用,右側則以放置生活物件爲主。

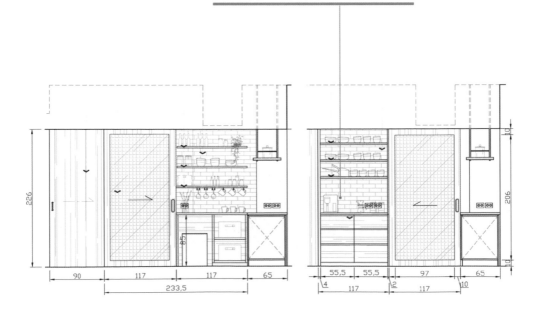

吸睛焦點

鏡面拉門，放大空間

將開放式餐廳後方牆面挖空，置入大理石層板做橫向收納，並結合鏡片拉門隱藏中央的直向收納，特殊造型讓收納櫃成為開放式空間端景，鏡片的反射也達到放大空間的作用。

五金挑選。鏡面拉門使用緩衝五金，使用上更加便利、隨心，鈦金收邊則讓鏡面門片更加精緻。

設計細節。以上下鏤空的方式，降低櫃體的壓迫感，更將橫向、直向、抽屜式收納結合，一次解決多種收納需求。而左上方轉折處用弧形修飾，減少銳角，讓空間更加柔順、圓滑。

圖片提供＿奇逸空間設計

雙材質

混搭木條修飾鐵件五金也創造層次

相較於櫃體量體，層架除了可以收納還能表
現立面的變化性，層架材質包含木頭與鐵件，
木頭質感較爲溫潤但缺點是視覺上比較厚
重，若希望表現輕盈感，建議可用鐵件材質，
不但厚度薄也耐重，此案便利用櫃體之間的
牆面以鐵件、局部木條規劃層板增加收納，
也能營造生活感。

圖片提供＿木介空間設計

工法運用。兩層鐵板的圓桿採用焊接
方式銜接，但懸掛於天花板的鐵件必
須鎖在 RC 結構上，承重較爲安全。

設計細節。利用木作包覆修飾鐵件彎
折 L 形鎖固螺絲的地方，既美觀又能
創造層次效果。

櫃內-面漆#色漆(色另選)
1cm鐵件圓管#白砂色/下凸薄板固定
鐵件薄板#白砂色/嵌入木作加強固定
3*3木條#木皮相近色
系統櫃體-#另選

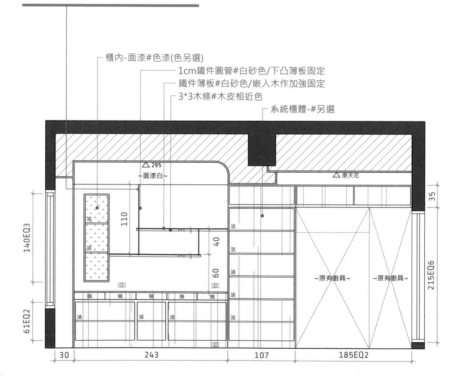

△ 295
~面漆白~

△ 原天花

140EQ3

110

40

60

61EQ2

抽 抽 抽 抽 抽

活 活 活

~原有廚具~ ~原有廚具~

35

215EQ6

30　　243　　107　　185EQ2

省空間

飯店式設計，打造簡約更衣間

這間 25 坪空間爲屋主假日聚餐或派對的度假宅，由於過夜天數短，主臥採用飯店式的設計，簡單運用鐵件勾勒掛衣空間，下方則安排抽屜，換洗衣物、隨身物品都能收好。同時搭配窗簾，輕輕拉起就能巧妙遮擋入口與更衣間，柔軟材質也能柔化空間線條，增添視覺變化。

工法運用。爲了讓鐵件更有支撐力，將懸浮鐵件嵌入樓板與牆面，並鎖住焊接，強化衣架的穩定性，掛上多件衣物也有足夠的承重力。

設計細節。地面架高安排高低不同的抽屜，能依需求收納，擴增多元機能，抽屜上方則能放置包包或行李箱。更衣間天花嵌入燈條，局部打亮光源，方便找尋衣物。

圖片提供＿甘納空間設計

居家藝廊

讓層架成爲家中的藝術展示區

層架依循床頭樑柱延接到床頭處，並且搭佐床
頭背牆線板造型，凝塑出視覺焦點。此外沒有
將層架做滿整面牆體，而是在下方預留空間，
以留白的方式烘托出氛圍與簡俐餘韻；預留的
空間可做爲活動式傢具的擺放路線，讓使用更
具有彈性。

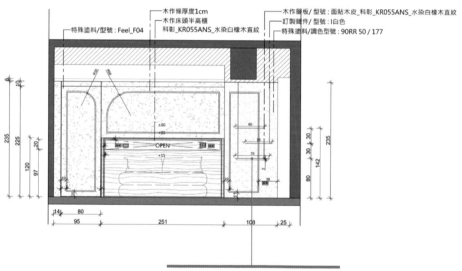

木作條厚度1cm
木作床頭半高櫃
科彰_KR055ANS_水染白橡木直紋
特殊塗料/型號：Feel_F04

木作層板/ 型號：面貼木皮_科彰_KR055ANS_水染白橡木直紋
訂製鑽件/ 型號：I白色
特殊塗料/調色型號：90RR 50 / 177

OPEN

尺寸解析。展架總高度約爲 2 米，從
上至下寬度分別爲 60 公分、55 公分
至 70 公分，錯落感讓整體也不會顯
得過於壓迫。

工法運用。在木作包板前，先將層架
鐵件嵌入牆面，鐵件的纖細能營造簡
約感，且質地穩固承重度高，能擺放
收藏品亦可放置書籍。

多功能

達到最大坪效，收納、展示機能兼備

臥房以系統櫃打造出複合櫃體，右方收納衣物、左方則設計開放式層架放置書籍，下方層板沿著牆面延伸出吧檯式桌面，讓屋主能在閱讀休憩之餘，欣賞窗邊的風景。另外，依據屋主需求，在櫃體上方設置儲藏的櫃體連接至天花板。

設計細節。 櫃體灰色面板與下方白色區塊，是藉由板子接板子的方式施工。窗邊休憩區則以屋主一家共同喜歡的深藍為跳色，以沙、海浪的意象為設計主軸，採用白、灰、深藍的色彩搭配，在北歐風主調上，點綴沉穩大器。

材質選配。 因結構性因素而設計短桌面，避免桌面太長會往另一邊下沉，除了短桌面的設計，也透過金屬骨料（黑鐵）穩固支撐力；桌面材質選用美耐板，側邊厚度的部分則以油漆刷色。

圖片提供__知域設計 × 一己空間制作

體現風格

復古工業特色的複合層架

此案為 40 多年的老公寓翻修，設計師保留原始的磚牆，以表面藝術上漆處理，再選用黑鐵打造錯落的開放層架，鋪陳水泥地坪，讓視覺對比簡單而有力量。且屋內採光良好，鐵件層架具有展示功能，上下部分透空，也讓場域之間展現出光景的互動交流。

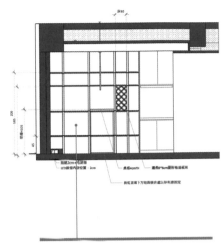

材質選配。將老屋舊有的牆體打鑿裸露出原有的紅磚樣貌，並將表面以青鈍色覆蓋，以 10mm 實心黑鐵圓棒鎖入牆面固定，再結合 5mm 黑鐵層板。

尺寸解析。五片黑色鐵件層板，深度約莫 30 公分，宛如五線譜造型，當擺放屋主的收藏藝術時，也讓此區成為饒富生活樂趣的展示空間。

圖片提供＿Studio X4 乘四研究所

圖片提供＿Studio X4 乘四研究所

收納 X 美感

圖片提供＿ FUGE 馥閣設計集團

活動層架讓開放衛浴更有型

以簡約法式爲設計主軸的中古屋改造，主臥房利用一面落地玻璃區隔出衛浴，打造開放通透的視覺感受，考量空間的開放性，捨棄一般浴櫃的施作，利用活動層架掛件滿足沐浴用品的收納需求，無須與牆面固定的情況下，也能完整呈現石紋紋理的美感。

五金挑選。掛架五金爲鍍鈦金屬色，扣合整體以精緻金屬色傳達法式氛圍。

尺寸解析。掛件高度考量好拿取放置，設定爲離地 112 公分左右。

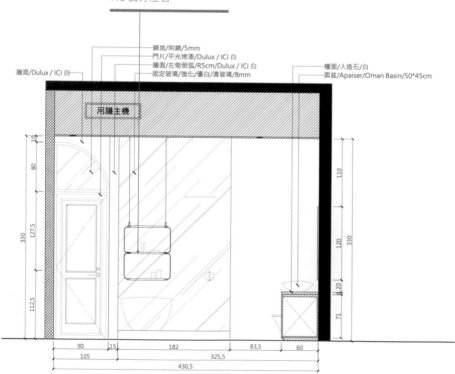

鏡面/明鏡/5mm
門片/平光烤漆/Dulux / ICI 白
牆面/左側倒弧/R5cm/Dulux / ICI 白
固定玻璃/強化/優白/清玻璃/8mm

牆面/Dulux / ICI 白

檯面/人造石/白
面盆/Apaiser/Oman Basin/50*45cm

吊隱主機

引光線

衛浴引光修飾過長廊道

狹長型居家空間在格局上最容易出現過長的廊道，廊道左右兩側的牆面則會讓整體空間顯得封閉，甚至產生壓迫感，有感於長廊可能帶來的負面影響，設計師決定從衛浴空間引光，藉由層架鏤空處透出的光線打亮走道，達到修飾作用。

圖片提供＿懷特室內設計

材質選配。浴室裡的層架不是只有收納一途，擺放一些綠色小盆栽妝點，利用穿透的玻璃材質反射植物的顏色、光影，也能為廊道營造氛圍。

設計細節。打破一般浴室門框方正的設計，設計師將門框與層架以流線型的 U 字弧度加以大小變化，讓兩者在造型上互相呼應。

圖片提供＿懷特室內設計

好拿取

層架吊櫃方便穿搭拿取衣物

由於女主人的服裝偏好以洋裝爲主，出門前有依照穿著搭配不同飾品、鞋子、包包等配件的習慣，因此設計師設計了懸空的層架吊櫃，以及兼具化妝鏡與穿衣鏡功能的移動式落地鏡門片，方便女主人在穿搭時可吊掛、拿取要穿的洋裝。

工法運用。 從天花板延伸下來的懸吊層架櫃，在施工時一定要特別考量承重強度，並在天花板處多加鐵件補強，確保使用穩定度及安全性。

尺寸解析。 因爲懸吊層架櫃位於落地鏡拉門前方，所以在設計規劃櫃體時，包括吊櫃與鏡面的距離、拉門門片的厚度等尺寸，都必須計算精準。

圖片提供＿懷特室內設計

多功能

大人小孩共同使用

身爲遊戲室與視聽室的層架櫃，必須具備多元的功能性，並且滿足大人和小孩的使用需求。層架櫃左半部爲設備櫃及藉由尺寸高低串聯出活潑感的書牆區，右半部則設計爲書桌和可懸掛杯子的收納架與 Mini Bar，在空間切換用途時讓每個人都方便好用。

材質選配。考量孩子們在遊戲室活動時，可能會跑跳碰撞而刮傷櫃門，因此設計師選擇熱修復門板，利用吹風機加熱就可將刮痕復原。

五金挑選。書牆區使用鐵件支撐層板，而這些圓柱形的鐵件同時也是書擋，不僅讓書本不會東倒西歪，也保有櫃體畫面的層次美感。

圖片提供＿懷特室內設計

光源吸睛

材質與結構串聯，增添開放式美感

將客廳其中一部分劃分為鋼琴區，也因為客廳沒有其餘收納空間，便沿牆設計複合櫃體，結合隱藏櫃與層架收納日常備用品，同時也做為展示牆，擺放屋主們的音樂獎狀與小朋友的作品。除此之外，簡單的層板也達到屋主，希望「好清理」的需求。

圖片提供＿知域設計Ｘ一己空間制作

尺寸解析。隱藏櫃體左右兩邊等分距離，寬度達 120 公分，而展示架統一在中間，選用兩片 5mm 鐵件層板再搭配烤漆背牆，增加穩重質感。

燈光效果。層板框架納入歐洲建築的拱門古典元素，搭配 LED 軟燈條，解決了此區凹洞易產生黑影的不美觀感，也帶生畫龍點睛的效果，讓視線聚焦，也使整個櫃體線條比例更勻稱細膩。

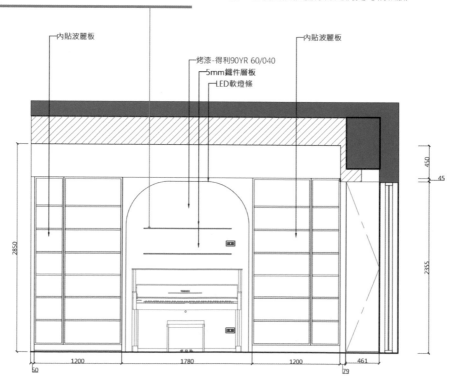

內貼波麗板

內貼波麗板

烤漆-得利90YR 60/040
5mm鐵件層板
LED軟燈條

2850

450

45

2355

1200　　　　1780　　　　1200　　461

60

79

吸睛焦點

輕薄鐵件讓酒櫃變陳列端景牆

喜歡品酒小酌的業主，期待家中能有酒櫃設
計，跳脫過往利用中島吧檯或是嵌入式酒櫃
的作法，同時也善用空間特有複層特色，取
樓梯一側的挑高立面讓美酒不只是收藏也是
陳列，背景選用小尺寸石材拼貼，搭配垂直、
橫向的擺放形式，自然成為一種律動節奏。
而輕薄的鐵件層板也讓酒瓶呈現如漂浮般的
效果。

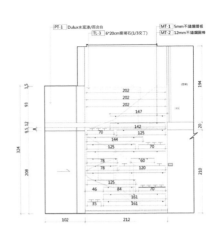

五金挑選。 橫向擺放的酒瓶由二支
不鏽鋼棒為固定，於設計前端進行
測試確認寬度間距，垂直擺放部分
則透過訂製套環固定，避免地震搖
晃掉落。

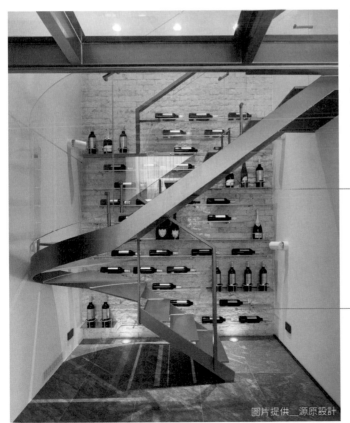

圖片提供__源原設計

燈光效果。 考量立面已有酒瓶與層
架的線條堆疊，因此將燈光規劃於
地面一嵌燈，以及兩側牆面使用投
射燈光，襯托整體質感氛圍。

3 門片櫃

圖片提供＿工一設計

門片櫃受限於板材尺寸，高度最高 240 公分，再上去只能加高或封板處理。常見種類分為平開門與滑門兩種，前者是傳統向外打開的單片或雙開門片，一般造價較滑門便宜，打開可一覽無遺，櫃體密閉性高，門片尺寸多為 40 ～ 60 公分，須有足夠的門片開闔迴旋空間；後者寬度多為 80 ～ 120 公分，適合空間有侷限時使用。然而無論是平開門或滑門，都要嚴格參考門片材質、尺寸去評估重量，挑選適合的鉸鍊、吊輪等零件，這些五金等同於櫃體「關節」所在，有了正確合理的搭配，才能滿足日常使用舒適性與延長耐用年限。

專業諮詢：工一設計、日作空間設計、太硯設計

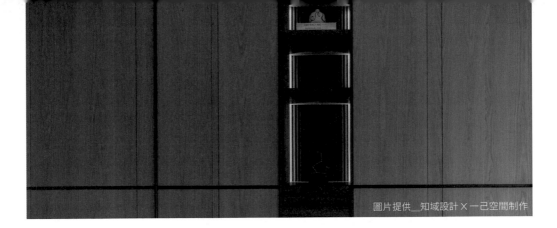

門片櫃
常使用材質

材質 1 × 實木貼皮

實木貼皮門片是選用木芯板、夾板等基底板材上貼覆實木薄片，如此一來便能擁有天然木紋裝飾空間，同時省去使用整塊實木的高成木問題。實木薄片可透過染色調整深淺，厚度普遍為 0.3mm～0.6mm，越厚越耐磨，不易損壞，造價亦較高。

材質 2 × 玻璃

想兼具收納、展示雙機能，玻璃門片櫃就是最佳選擇。材質上除了一般清玻璃，還能選用灰玻、長虹玻璃等種類控制不同透明度，令其更加融入整體空間設計、增加視覺上的遮蔽效果，日常透過燈光開關，滿足使用者展示、隱藏等不同需求。

材質 3 × 鐵件

黑鐵粗獷適合工業現代風，白色烤漆後又能完美融入北歐、無印空間，結構上比起木作層板更顯輕薄堅韌，能隨心所欲描繪纖細線條，雖造價較高須訂製，但具備與木質、玻璃多種素材混搭的萬用性。

門片櫃
常使用工法

工法 1 × 收邊

訂製系統櫃除了板材本身，依尺寸裁切後如何封邊也關乎櫃體美觀、使用壽命。ABS、PVC 是市面上幾種常見封邊材質，ABS 較厚，一般約爲1mm～2mm，邊緣圓潤也比較耐碰撞；PVC 常用厚度爲 0.5mm，邊緣較銳利，多使用於櫃體桶身結構等不易直接碰觸位置。

工法 2 × 貼皮

空心門板或櫃身進行木作貼皮時，邊緣容易因貼邊皮收縮、導致波浪與凹凸。我們可以用較厚的木皮板、較薄的夾板底板，減少波浪產生機率。木皮板施作時要避免正面與側面因修飾時所造成的木皮板破皮或突出。

圖片提供＿太硯設計

門片櫃
常使用五金

五金 1 × 把手

把手可分爲單、雙孔把手與隱藏型。單孔把手造型簡潔，但門片較重時會難施力，雙孔握把較大、多半安裝在大門片上，可緊握好開闔，兩者皆爲外露設計，用在頻繁走動過道會有勾住、磕碰疑慮。隱藏型把手有效避免碰撞，分爲往內斜切 45 度角的斜把手與內嵌五金的埋入式把手，需慎選門片材質、顏色，避免接觸位置發黑、磨損以致於難清潔。

五金 2 × 鉸鏈

單扇門片須根據尺寸、重量調整，裝設 3 個甚至更多鉸鏈去符合載重、方便長期頻繁開闔。目前市面上最常見爲西德不銹鋼鉸鏈，規格分爲蓋六分、蓋三分、入柱三種，一般櫃體多爲六分板（18mm）組裝而成，所以鉸鏈可依照櫃體造型設計選擇、隨著門片開啟時側板遮蓋程度來命名。樣式上還有無快拆基本型、快拆型、快拆緩衝型等種類，提供拆卸方便、緩衝靜音等不同使用習慣做挑選搭配。

圖片提供＿工一設計

五金 3 × 拍門器（拍拍手）

無把手門片除了內嵌、挖孔的另一種選擇就是裝設拍門器五金（俗稱拍拍手），其好處是日常除了用手、還能用身體碰觸開門，非常方便。裝設拍拍手要注意不能搭配使用緩衝鉸鏈，因爲最後需按壓才能闔上門片，門片建議使用深色或好清潔材質，避免門片局部髒污明顯。

圖片提供_大硯設計

門片櫃
這樣做

門片櫃可以透過不同門片材質與細節的替換選擇,輕鬆搭配各色室內設計,如木色適合無印日式風、使用雕化線板展現古典鄉村風、透過玻璃金屬凸顯現代極簡風等等,以不同材質與細節門片強調風格。

適合風格 2 × 使用目的

會選擇門片櫃最大的目的就是隱藏收納雜物,打造簡潔舒爽空間。利用門片將雜物妥善收納於櫥櫃內,可以充分解決住家雜物難歸納、視覺紊亂問題。初期規劃時可以檢視家用品的數量與物品尺寸,設計合適的位置、層板櫃體高度,讓未來日常使用能夠更加順手。

適合風格 3 × 注意事項

選擇玻璃做拉門面材,日常清潔維護十分便利,能輕鬆營造住家俐落潔淨氛圍。但玻璃比木作門片重量重許多,尺寸越大就越須注意載重問題,五金零件必要時須運用重型吊輪,同時強化上方結構、甚至固定於RC層,才能確保使用安全。

吸睛焦點

簡約木作讓大櫃融入空間

玄關櫃左面與隱藏門相接，型塑出同一牆面的感覺，使得視覺不雜亂；右面櫃體底部則採鏤空設計形塑輕盈感受。內部層架因結構性考量有設定一個固隔，其餘皆為活動式層板，增加櫃體收納空間外，也提升使用上的靈活度。

設計細節。直向略粗的細線是打斜的指縫，能打開櫃門；另外直線部分是為了調節整體視覺比例，才不會有兩側視覺大小櫃的感覺。

材質選配。櫃體面板為實木皮染色而成，黑色線條則為烤漆，櫃體底部與中間開放層架皆搭佐燈條，營造量體氛圍外也匯聚視覺焦點。

圖片提供＿知域設計×一己空間制作

特殊塗料

斜面櫃體引導動線

為避免推開大門一眼望穿室內,將空間內縮
創造出內玄關功能,並藉由斜面櫃體設計導
引動線,櫃體內可收納鞋子與其他生活用品。
而為了重現屋主返鄉所見山壁景致,牆面、
櫃體立面特別選用特殊塗料模擬斑駁質感,
一致性的材料延伸亦有淡化櫃體的效果。

五金挑選。鞋櫃內部使用旋轉鞋架,
可收納約 56 雙鞋子,相較層板來說
放置得更多。

材質選配。特殊塗料加入
光澤與綠色苔癬的表現形
式,前者可創造波光粼粼
的效果,兩者皆更貼近洞
穴、山壁的真實感。

設計細節。櫃體立面利用木工施
作口字型結構,與塗料做跳色設
計,同時兼具把手、透氣用途。

圖片提供__ FUGE 馥閣設計集團

大卻輕盈

輕薄材質連結空間滿足不同收納

由入門的玄關收納延伸至客廳書房收納，讓客廳與玄關有連結感，且利用門片收納與開放收納做爲收納空間分界，並使用不鏽鋼亂紋的輕薄材質門片，讓大面積收納櫃感覺更輕盈，不壓迫。

材質選配。獨特的不鏽鋼亂紋材質門片使櫃體減輕厚重感，反光特性和金屬光澤也爲空間增加層次感。

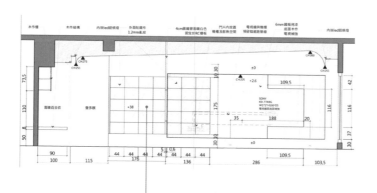

尺寸解析。使用 38 公分的收納深度，讓鞋子與書本都能妥善收納，並用門片遮掩鞋子的雜亂感，而開放收納則增加書本拿取的便利性。

雙造型

實木格柵門片延展櫃體高度比例

一般門片櫃多採用單一材質門片，此案因延展櫃體的高度比例，為消弭櫃體的存在與壓迫性，頂部櫃門特別選用實木格柵設計，搭配胡桃木鋼刷門片，創造立面的層次變化，右半部的高櫃則搭配三片滑門作使用，減少開門迴轉面積讓玄關走道空間更舒適，開闔使用也更輕鬆便利。

圖片提供＿木介空間設計

燈光效果。懸空櫃體底部規劃 LED 鋁條燈，輔助夜間照明也增加氣氛。

材質選配。為了與胡桃木鋼刷門片顏色相融，格柵同色木皮貼皮處理，左側口字鐵件檯面與不鏽鋼沖孔板延續鐵件書牆的材質體性之外，也避免木色過於沉重。

設計細節。實木格柵門片下緣規劃取手溝槽，輕輕一扳就能打開。

圖片提供＿木介空間設計

複合功能

鞋櫃把手隱藏夜燈與收納功能

過去習以為常、出現在玄關櫃的置物平台，最後常常淪為難以整理的地方，在這個案子中，從回家所需要的使用行為切入，同時帶入家的設計核心「圓夢」，將需求整合於櫃體的把手設計，由兩個半月形狀構成，內凹空間同時具有收納功能，可放置鑰匙與錢包等物品，同時還具有夜燈功能，讓複合機能發揮得淋漓盡致。

圖片提供＿源原設計

設計細節。半月形為木作先打底，再嵌入鐵件材質，底部為一個 R 角結構，再嵌入另一段金屬，同時結合 LED 燈。

材質選配。圓弧開口直徑約 25 公分，採用鐵件鍍鈦材質打造，更為耐刮好維護。

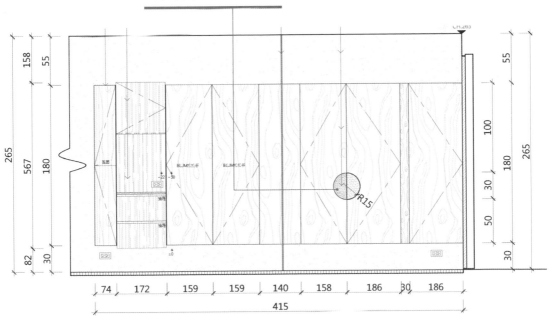

展現風格

日式格柵助神龕櫃通風

位於玄關的神龕櫃，屋主希望有別於傳統並與空間風格相融和，因此以日式禪風爲概念，並於中間擺放佛像、祖先牌位，木質格柵門片及清水模灰調塑造典雅個性，且格柵設計還有助於燃香時能夠通風。

設計細節。 鏤空櫃下方爲拉抽，需要時能拉出擺放供品，而門片內設置多個抽屜方便收納供佛用品。

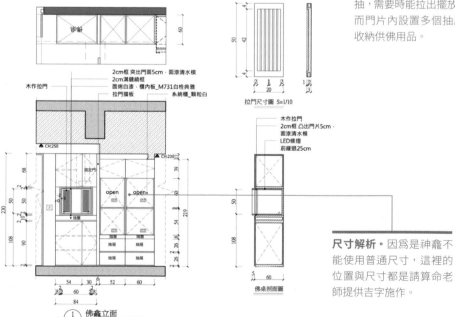

尺寸解析。 因爲是神龕不能使用普通尺寸，這裡的位置與尺寸都是請算命老師提供吉字施作。

美式端景

造型門片創造櫃體美感端景

玄關櫃體兼具玄關屏風阻隔一進門視線就貫穿內部的狀況。配色採用北歐清新色調，以簡化線板取代雕花，讓整體呈現俐落風格，再藉由金屬門把的跳色增加精緻度，也增添亮點質感。另外抽屜邊角規劃北歐圓弧造型來呼應整體空間的溫潤感。

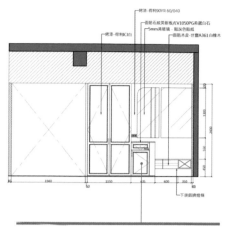

烤漆-荷利90YR 6Q/040
面貼石紋美耐板/LV1050PG希臘白石
5mm清玻璃，貼灰色貼紙
烤漆-荷利CI白
面貼木皮-世豐A361白橡木
下崁鋁鑄燈條

尺寸解析。 白色噴漆的收納櫃體寬度約 178 公分，讓收納設計做連結，形成公領域中的美麗端景；另外 1/3 搭配矮櫃，呈現視覺輕盈感。

設計細節。 整面櫃體讓收納更顯完備，左方高櫃能擺放長靴與外出衣物、右方矮櫃儲藏居家常備品，另外也規劃抽屜機能，置放隨身鑰匙或信件。

圖片提供＿知域設計 × 一己空間制作

設計細節。利用不同大小的櫃體，展現空間層次，並於中央內嵌平台，增加造型和收納機能。

尺寸解析。最靠電視牆的收納櫃深度為 35 公分，供放電器使用，下方抽屜及右邊櫃體深度為 40 公分。

整合收納

櫃體整合串聯空間

為保留玄關寬闊的視覺，進門以懸吊的白色鐵件作為吊掛外出衣物的空間，進入玄關連結客廳之處才以大小不一的櫃體連接客廳與玄關之間的收納。頂天立地的櫃體收納鞋子與屋主的球具，左側懸浮的櫃體則為客廳電器櫃，表面的溝縫用來散熱及方便遙控，下方抽屜式收納增加收納種類與機能，而兩者間以木製層板連結，也增加展示空間。

燈光效果。 電視牆上方藏了光帶，一路延伸至木製層板上方，點亮空間也為展示區增加光源。

雙面運用

不頂天鞋櫃彰顯廳區無壓氛圍

落地鞋櫃位於玄關通往廳區過道左側，提供鞋類、雜物收納機能，同時扮演著客廳與廚房的隔間牆角色。因應屋主無油煙廚房的使用習慣，採不頂天的五扇實木皮門片設計，內凹把手成功減少多餘線條與碰撞疑慮，整體規劃避免整道立面做滿所帶來的壓迫感，令廳區更顯通透無壓。

燈光效果。玄關鞋櫃特意不頂天，在量體頂部框架內嵌 LED 燈帶，規劃由下往上的間接照明，塑造入口玄關、廳區等公領域明亮通透視覺。

材質選配。櫃身選用波麗桶身、面貼實木皮，門片則爲 6 分波麗板櫃門片，搭配 135 鉸鍊。

波麗桶身/外貼實木皮 WD-01

6分波麗板櫃門/面貼實木皮 WD-01
/135°鉸鍊

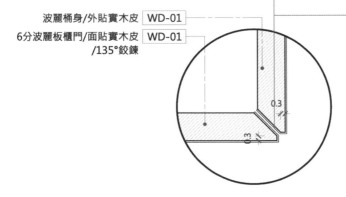

0.3

0.3

圖片提供＿工一設計

圖片提供＿工一設計

設計細節。 由於櫃體作爲客廳與廚房隔間、可雙面使用，因此厚度達100公分，爲了降低量體過厚帶來的「矮胖」視覺，在側邊中央處內嵌鍍鈦金屬條修飾比例。

視覺端景

櫃體結合拉門，隱藏衛浴

考量衛浴位在客廳旁不美觀，因此設置櫃體在衛浴旁，並結合拉門將衛浴隱藏，右側櫃體從中間挖空，當拉門關上時露出後方不對稱的玻璃層板，成為客廳的視覺端景。

燈光效果。拉門挖空處後方嵌入玻璃層板，並設置投射燈，增加展示收納空間，同時減輕櫃門的封閉及壓迫感。

五金挑選。選用具有緩衝效果的滑門五金，讓使用上更方便。

材質選配。拉門使用紅色馬鞍皮，提升質感，也提亮空間。

圖片提供＿奇逸空間設計

薄板磁磚

薄板拉門創造吸睛視覺、藏住凌亂

講究生活品味的業主，喜歡邀請朋友來家裡聚會，也收藏許多精美的瓷器、餐具等，在坪數有限的狀況下，設計師利用結構樑柱所形成的凹形立面，創造收納、陳列櫃牆，考量杯盤數量較多，為降低視覺凌亂，同時希望為此區域設立一道如主牆般的端景立面，選擇右側櫃體加上橫拉門片，潑墨紋理效果的薄板磁磚，帶出大器質感。

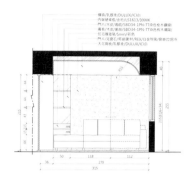

五金挑選。 拉門材質包含鐵件與磁磚的重量，往上懸掛的五金為木工施作，搭配重型軌道，結構更為穩固。

材質選配。 橫拉門選用薄板磁磚鋪貼於鐵件噴漆框架上，邊框較為細緻、俐落。

圖片提供＿FUGE 馥閣設計集團

獨特型格

大面櫃牆有效化收納於無形

一整面收納櫃體從玄關處開始延伸至客廳，收納空間相當充足。而客廳、中島吧檯至廚房呈現開放通透的視覺畫面，使此複合櫃體也成爲公領域的端景之一，另外地坪選用藝術塗料，透過櫃體不鏽鋼材質的反射讓空間展現大氣與沉穩氛圍。

材質選配。櫃體門片以木作結合鐵件，表面爲 2mm 毛絲面不鏽鋼圓弧一體成形至天花，內部規劃六片層板讓收納更爲彈性，也使量體更有層次與變化性。

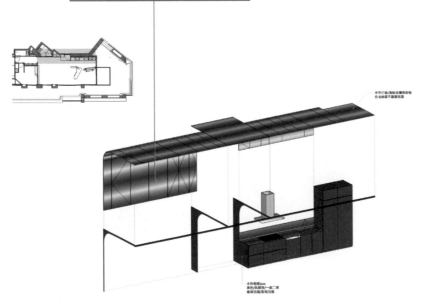

木作打底/面貼合鐵板彩布
仿也絲面不鏽鋼密面

木作食櫃板1cm
美色/抵膠漆/一底二面
噴漆亮處/繁雅亮黑

尺寸解析。櫃體總寬 442 公分，
高約 183 公分，深度達 60 公分，
讓其具有收納電器與家用備品的
超高機能性。

方便散熱

電視牆櫃兼備風格展現與多元機能

客廳電視牆背後區域與臥房相連接，為了提升收納量與考量行走動線，以玻璃拉門、木作機櫃和木格柵門片串聯出動線的連續性。首先利用木作包覆管道間，再以造型格柵隱藏機櫃，展現俐落外更達到散熱效果。而電視牆與櫃體中間則以玻璃拉門結合，讓客廳與臥房空間具有穿透感也能阻絕干擾。

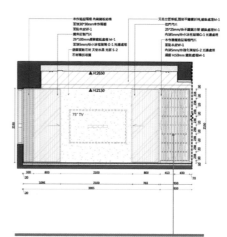

尺寸解析。 電器櫃含柱體的寬度達 93 公分，高 215 公分，並規劃 5 公分踢腳板高度。深度約 35 公分，可放置機上盒或家庭影音 KTV 等設備。

材質選配。 以木作打造櫃體，搭配格柵、以鍍鈦處理的不鏽鋼方管，並結合門片框架以內部嵌 0.5 公分強化清玻四邊光邊處理，使整體呈現豐富層次效果。

圖片提供＿相即設計

趣味實用

圓形鏤空增加穿透

位於書房後方的造型書櫃有著可愛的圓形鏤空門片，不僅開口處能作爲把手好開闔外，還能增添視覺穿透感。而因爲全家人都會在此活動，此書櫃以收納小朋友的書籍爲主，運用活動層板方便調整，而下方抽屜則能收納孩子們的玩具。

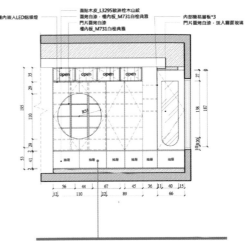

燈光效果。因爲圓形鏤空門片令部分櫃體成爲開放展示區，因此於最上層嵌入 LED 鋁條燈讓展示品更爲亮眼。

尺寸解析。因爲需要收納小孩們的百科全書，深度較深爲 35 公分，高度爲 40 公分，每個桶跨度不超過 120 公分，避免承重不夠產生「微笑曲線」。

圖片提供　構設計

呼應風格

鄉村雙面櫃兩面收納

此為玄關與客廳的雙面收納櫃,下半部為玄關抽屜與穿鞋椅,上半部則位於客廳收納坐在沙發時常使用的物品。呼應客廳電視牆,選擇白色條紋造型門片設計,令鄉村風格居家更有層次。

圖片提供＿構設計

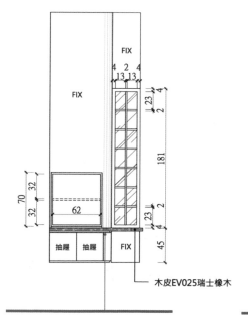

木皮EV025瑞士橡木

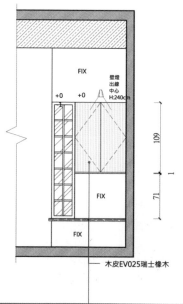

木皮EV025瑞士橡木

設計細節。雙面櫃玄關側規劃為穿鞋椅與抽屜,椅面使用瑞士橡木木皮,提供溫潤的視覺與使用觸感。

尺寸解析。雙面櫃位於客廳面,為了讓拿取更為方便,櫃體下方離地140公分,比沙發稍高一點,就算坐在沙發上不用站起來就能開闔門片。

亮眼把手

尺寸解析。 櫃體中央的置物平台離地約 95 公分，適當的高度方便隨手拿取檯面上的茶杯、水壺，而高櫃則離地 160 公分，伸手就能開關櫃門。

結合鞋櫃與餐櫃雙重功能

由於開放式廚房正好臨近玄關，屋主期待能巧妙隱藏電器，避免入門看到雜亂視覺，因此沿著玄關安排一字型置頂高櫃，靠近廚房一側嵌入冰箱，櫃體中央鏤空，則能設置咖啡壺、熱水壺，打造方便取用的茶水區。至於鄰近大門一側則挪作鞋櫃使用，同時充實玄關與廚房機能。

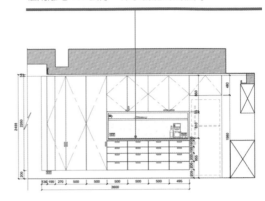

設計細節。 為了有效分類收納，餐櫃下方採用不同高度的抽屜，扁抽適合收納刀叉等小餐具，高抽則能放置各種乾貨雜糧或是大尺寸的碗盤與料理道具。

圖片提供＿古納空間設計

摺疊門

多種收納形式整合機能櫥櫃

在廚房與餐廳的交界處，考量屋主有烘焙機器的收納需求，將餐櫃和廚房收納整合，設置大面積的牆面收納，最左邊爲面向左邊廚房開口的收納櫃體，其餘的才是餐櫃收納。門片溝縫爲摺疊門的開門把手，同時具有透氣功能，右邊保留開放收納，讓小家電和常用的物品能隨手放置。

圖片提供＿＿思維設計

設計細節。使用摺疊門，讓櫃體能完全開啟，櫃門也能完全收起。

工法運用。轉角處爲避免空間太過銳利，以弧形修飾，同時讓空間動線更加順暢。

圖片提供＿＿思維設計

放大空間

關燈卽隱藏的灰玻餐具櫃

餐具櫃位於用餐區長桌後側,古銅色鍍鈦框
架內嵌灰玻,關閉櫃內燈光時,整個量體在
住家的淺白色立面中顯得格外低調,具備良
好的隱蔽性,若是有客人來訪,屋主想秀出
琉璃餐具藏品時,僅需開燈便瞬間化身精品
展示舞台。

材質選配。 利用灰玻門片的半反射
特性,當不點燈時可以達到適度的
隱蔽性,而櫃內照明開啟時就是屋
主秀出琉璃餐具的展示舞台。

設計細節。 櫃內收納以層架做杯盤開放展
示,抽屜方便歸攏湯匙筷子等餐具,下方
門片櫃則提供擺放屋主不想開放陳列的私
人收藏或雜物。

圖片提供__工一設計

放大空間

木框架圈圍半開放餐廚

半開放式廚房中島結合木質層架，上方收納展示杯盤茶具，下方框出一方爲與廳區的對話窗口，方便夫妻日常喝茶、泡咖啡交流使用。隨兩人使用習慣與空間設定，面客廳側上方木質層架提供外邊拿取餐具，廊道邊則雙面皆可取用。此區出入口與櫃體共用門片，在必要時可短暫關起。

圖片提供＿日作空間設計

材質選配。 廚房主要以木皮、烤漆、透明玻璃門片爲主要素材，融入復古感的設計氛圍，巧妙結合對話窗口、玻璃杯盤展示與烹飪功能。

設計細節。 雙開口廚房正面爲雜物櫃採蝴蝶鉸鏈設計，90度打開門片卽可闔上此側入口；而面廊道區出入口則以拉門橫移，關閉玻璃杯收納櫃時卽開啟廚房、反之則可關閉。

圖片提供＿日作空間設計

視覺端景

玻璃櫃體，彰顯大理石材美感

爲保留由地坪延伸至牆面的大理石質感，將玻璃層架嵌入大理石內，下方再搭配 LED 燈條，加上玻璃門片，讓物品可隔絕灰塵，還能保留背牆的大理石完美光澤。

圖片提供＿奇逸空間設計

燈光效果。在玻璃層板下方嵌入燈條，讓玻璃櫃質感十足，提亮空間同時也成爲視覺焦點。

五金挑選。玻璃櫃門使用特殊五金開闔，讓餐櫃收納可隔絕灰塵。

圖片提供＿奇逸空間設計

展示收納

圖片提供＿知域設計×一己空間制作

玻璃酒櫃讓展示收藏一目了然

男主人有酒類收藏以及展示等需求，除了為防止積灰塵而做櫃體門片，也結合玻璃呈現視覺穿透感，讓珍藏之餘仍兼顧展示的格調品味。另外櫃體後方剛好就是一小倉儲空間，在有限坪數內透過結合餐廚區域的其他櫃體，規劃出更多的實用收納範圍。

設計細節。 以北歐風格型塑空間氛圍，僅以簡單大方的線條裝飾，勾勒俐落精緻，並以烤漆鋪陳柔白色調，營造清新感。

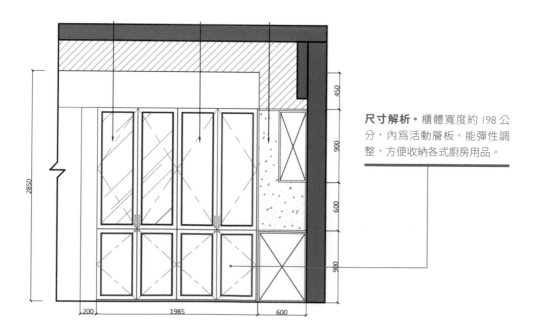

尺寸解析。 櫃體寬度約 198 公分，內為活動層板，能彈性調整，方便收納各式廚房用品。

展現風格

造型門扇弱化機能凸顯風格

餐廳主牆同時也是公領域端景立面之一，牆面兩端各自爲儲藏櫃門與主臥房門，爲了弱化入口動線的機能性同時也希望融入業主喜愛的北歐氛圍，櫃體門片採用弧形框架，包覆灰藍色美耐板材質凸顯風格語彙，同時也與臥房門片產生區隔性。

尺寸解析。儲藏櫃下半部預留 150 公分高不設層板，方便大型物品直接推入收納，上方搭配固定層板放置較重的物品。

47
3
47
3
150

96.5

櫃體內部

設計細節。牆面背景特別刷飾灰階，藉此襯托灰藍門片以及白色 string system 開放系統櫃，讓收納立面成爲居家端景效果。

圖片提供＿十一日晴空間設計

115

好開闔

鍍鈦把手橡木櫃

主臥落地衣櫃切齊木地板，地坪延伸立面，巧妙劃出一道隱形分割線，勾勒出專屬寢區的慵懶臨窗陽光區塊。櫃體表面為橡木染色、內嵌鍍鈦把手，木質、現代感金屬混搭，運用穩重的古銅色降低衝突感，賦予機能量體兼具自然質樸視覺與良好觸感雙重優點。

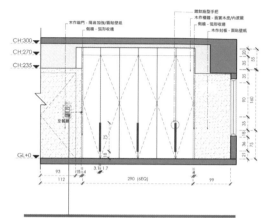

五金挑選。 特別訂製的 75 公分古銅色鍍鈦造型把手以最高點 93 公分裝設在門片上，雖然視覺看似略低，但卻剛好符合人體工學設計，滿足設計與實用訴求。

設計細節。 主臥的開關插座整合於衣櫃左側，需加厚 5 公分板材避免藏線、五金穿透櫃體，因此在兩側加厚之餘同時採圓弧導角，緩和直角銳利與厚實感，令其自然融入設計中。

圖片提供__工一設計

俐落取手

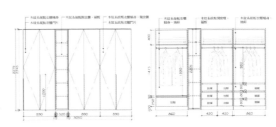

全木紋的森系紓壓衣櫃

因應男主人從事外商公司的跨時區工作屬性，住家規劃雙主臥設計，第二主臥與客浴相鄰，貼心規劃帶衣櫃小寢區與獨立使用的工作書房，避免晝夜顛倒時影響家人作息。衣櫃規劃吊掛和抽屜為主，收納西裝、大衣、襯衫與貼身衣物，中間穿插一組可活動調整高度的開放層架，提供屋主展示收藏與擺放書籍用途。

材質選配。 選用全木紋系統板作為落地櫃材質，結合空間地板、臥室門片，柔和色調與木紋帶來的自然氣息，提供夜間工作時的無壓氛圍情境。

設計細節。 門片櫃採用斜取手開闔，邊框 90 度角突顯俐落設計感，最高處設定為 100 公分往下延伸。基本的取手可請系統廠商直接在工廠施作、現場組裝板材即可，特殊設計則須木工師傅量身訂製。

圖片提供_太硯設計

好輕盈

弧形修飾，柔和空間

臥室床頭上方有大樑，運用櫃體脫開床頭與樑的距離，減輕睡眠壓迫感。床頭櫃設有上掀式收納供冬季床組收納，上方吊櫃則可收納寢室雜物，並將櫃體錯開設置，增加臥室造型感。

設計細節。吊櫃及床頭櫃的右側皆利用弧形修飾，減少櫃體銳角，使空間感受更柔和，也讓床頭櫃體更有設計感。

燈光效果。吊櫃下方設置燈條，使吊櫃更加輕盈，也增加床頭平台的照明。

材質選配。使用具有紋理的米色特殊漆，讓空間層次更豐富。

俐落取手

色塊區隔，單平面的雙機能設計

次臥書桌與落地衣櫃整合於單一平面，令寢區畫面更加整齊舒適。材質主要以木紋與黑色織紋爲主，開放層架工作區利用沉穩黑色打底、木紋橫跨其間，巧妙延伸視覺景深，同時與相鄰的門片櫃以設計細節、色塊比例作出區隔。

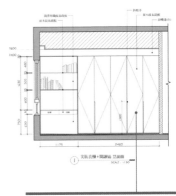

材質選配。 書櫃與衣櫃整合爲同一道立面，由木紋背襯黑布織紋系統板，黑色延伸門型框架邊緣，暗喻工作、閱讀區域與休憩寢室的隱性分野。

設計細節。 衣櫃門片有五道門片，開關採斜取手設計、頂端修飾曲面，最上方高度設定爲能方便使用的 120 公分。

圖片提供＿太硯設計

分門別類

衣櫃以玻璃門片區別衣物狀態

白色調的臥房空間，衣櫃利用門片材質區分
污衣櫃與收納衣櫃：左側玻璃門片吊掛穿過
還沒要洗的外套、衣物等，右側門片內則收
納乾淨衣物一目瞭然，且玻璃門片的穿透效
果還能放大空間感並增添層次。

圖片提供＿甘子設計

材質選配。玻璃門片採用白鋁
框烤漆與超白氟酸玻璃展現個
性與穿透視覺。

尺寸解析。衣櫃含門片深度 60 公
分，內部約 58 公分，吊桿離地約
180 公分方便拿取吊掛衣物。

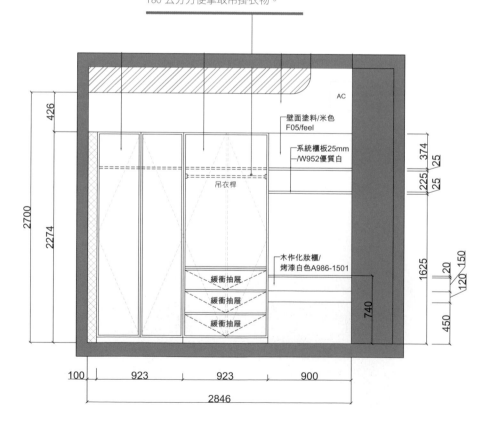

AC

壁面塗料/米色
F05/feel

系統櫃板25mm
/W952優質白

吊衣桿

木作化妝櫃/
烤漆白色A986-1501

緩衝抽屜
緩衝抽屜
緩衝抽屜

426
2700
2274
374
25
225
25
1625
20
120
150
740
450

100　　923　　923　　900
2846

視覺放大

穿透材質讓櫃體保有視覺通透

主臥空間有限，所以沿牆配置大面衣櫃，滿足屋主的衣物與飾品收納等多元需求，在門片選擇可透視的材質，藉此讓空間有放大的視覺感。其中最右側畸零區塊連結化妝檯機能、上方開放層架能展示收藏物；下方抽屜則能擺放保養品與彩妝用品。

尺寸解析。櫃體總寬約 520 公分，高約 240 公分，左側櫃體規劃等比例的隔板，方便擺放可摺類衣物，右側主要收納長版外套與吊掛類衣物。

材質選配。以木色板材打造系統櫃，搭配矽鋁料框架與長虹玻璃，不同的色彩與材質，加入現代風格設計語彙，形構出俐落簡約的櫃體造型。

圖片提供＿＿ Studio X4 乘四研究所

營造風格

鐵件格柵門片結合衣櫃擋煞氣

奶茶色鐵件格柵拉門是臥房內的視覺焦點，巧妙隱藏臥房衛浴解決臥房門對廁所門的煞氣問題，右側則與衣櫃做結合，配合立柱收納、系統櫃層板和抽屜做整合設計。

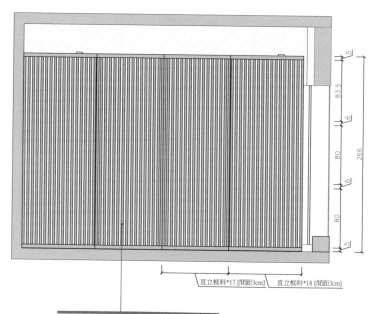

直立框料*17 [間距3cm]　　直立框料*18 [間距3cm]

尺寸解析。因為鐵件格柵門片需於工廠製作，因此高度、寬度需配合電梯尺寸方便搬運避免耗工。

燈光設計。內部吊桿設有燈
條,提供拿取時照明,同時
能透光展現光影層次。

交錯視覺

閃避橫樑創造收納

由於臥房裡剛好有一支橫樑位在床鋪上方，為了避開橫樑壓床，因此運用低調的隱藏櫃設計手法化解，並創造出床頭後方的收納空間，方便擺放換季被子、床單、枕頭套等寢具用品，也可以吊掛小件的睡衣、披毯等，順手好收取。

設計細節。 門片透過木格柵設計製造間距變化，讓大體積的櫃體不顯呆板，間距寬度則以 2 的倍數分割變化，呈現交錯的視覺效果。

尺寸解析。 利用橫樑下方空間設計規劃深度約 45 公分的門片櫃，且考量開門時門片不要打到枕頭，將櫃體高度設定在 100 公分左右。

圖片提供＿懷特室內設計

圖片提供＿懷特室內設計

格柵吸睛

造型格柵包樑、隱藏櫃體

床頭收納可分為牆面與床頭櫃體兩部分。牆面選用淺灰色格柵設計,包覆床頭低矮樑身,亦有效隱藏雙開門片分割線條;深色床頭櫃則是由地坪實木板延伸立面,達到拓展、放大視覺效果,上掀門片設計可供收納換季棉被、枕頭等寢具。

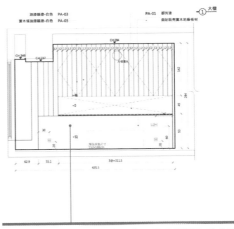

設計細節。由地坪延伸立面的 3 公分厚深咖啡色實木板,源自於老宅舊地板,設計師將其全部挖起、扣除損耗後,送到工廠重新打磨上漆、運用在新居各個角落,作為住家別具意義的新舊傳承印記。

材質選配。格柵設計隱藏橫樑、門片分割線,塗覆膠質含量高的都芳漆,平時清潔只需使用微濕抹布擦拭即可達到清潔效果,減輕打掃負擔。

圖片提供＿工一設計

125

多元藏書

書櫃兼具展示，收納更輕鬆

櫃體除了收納機能亦兼具畫報架的展示功能，外觀除了選用原木色的木皮質地，也搭配藝術玻璃門片營造視覺穿透感。外層展架應用鉸鏈而得以掀開，並將大部分讀物儲藏於展示架板後方，讓展示畫面不雜亂；右方連接的藍白層架則做為外顯藏書區，將讀物放置做橫向設計，與畫報架櫃體產生視覺的變化感。

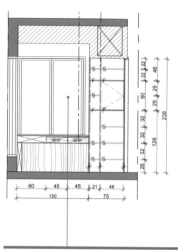

尺寸解析。 兼具畫報架的展示功能櫃體高度約 238 公分，設計師亦有留意與右方連接櫃之間的距離，讓拿取更加順手。

設計細節。 畫報架設計的優點除了展示作用，更能藉由門片後方的藏書空間，讓視覺不顯雜亂；缺點則為拿取後方藏書時須將展示書籍拿下，才可掀門，另外櫃體內為固隔設計，無法調整隔層高度。

圖片提供__知域設計╳一己空間制作

增添風格

藤編木質門片禪意十足

位於客廳後方的開放式書房,使用藤編作為櫃體門片,增加內部透氣性,同時也讓櫃體成為空間的端景之一,另外設計者在吊櫃下方利用木製層板,增加展示空間,令視覺不顯單調,也能順手擺放物品。

圖片提供＿奇逸空間設計

材質選配。藤編材質作為櫃門,搭配木質層板,溫潤舒適,完整空間日式禪意氛圍。

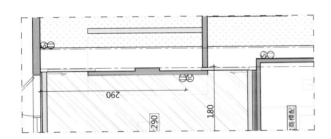

290
290
180
商標配

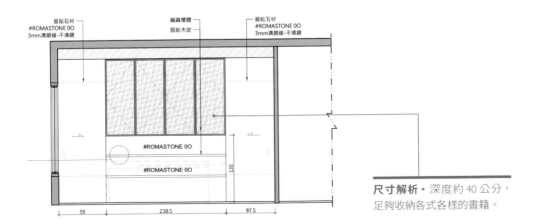

面貼石材
#ROMASTONE 00
3mm溝縫線-不填縫

編織櫃體
面貼木皮

面貼石材
#ROMASTONE 00
3mm溝縫線-不填縫

#ROMASTONE 00

#ROMASTONE 00

135

95　　230.5　　97.5

尺寸解析。深度約 40 公分,足夠收納各式各樣的書籍。

絢麗展示

通透玻璃打造美型收納

喜歡動漫與模型公仔的業主，期待新家能有一間可以組裝、展示模型的多功能室，利用餐廚旁的空間、採用橫拉門片打造可彈性開放的設計，兩側搭配玻璃拉門的格櫃防止家中愛貓入侵模型區，圖中正面格櫃以陳列模型為主，左側格櫃內搭配洞洞板配件，可懸掛各種組裝工具。

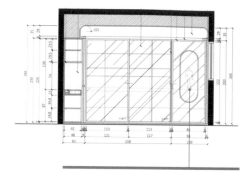

尺寸解析。模型櫃的每一格尺寸事先根據業主收藏的公仔去做設定，另外右側設計弧形框架展示造型，呼應原子小金剛的發射效果。

燈光效果。考量部分模型本身即結合燈光，除了必須預留插座設計之外，將櫃內燈光規劃在側板邊緣，讓櫃體光源從前端透出，烘托每一格模型的特色。

圖片提供__ FUGE 馥閣設計集團

吸睛焦點

錯開門片與層板，完美展示收藏

在 24 坪 2 房空間中，屋主希望能再擁有獨立辦公的空間，因此沿著廊道安排書桌，後方則嵌入玻璃高櫃。爲了能完整展示屋主的公仔收藏，內部層板與門片錯開，避免門框線條遮擋，同時門片把手向下設置，並改以斜放，再搭配部分鏤空的設計，多變造型爲空間增添視覺層次。

工法運用。爲了能完整支撐整排的懸浮櫃，下方預先釘上一支木質橫料，卡住櫃體桶身後再以螺絲固定在牆面的骨架，強化整體的承重力。

材質選配。玻璃門片以鐵件勾勒線條，輔以鏤空鐵網，增添纖細質感，搭配柔和的灰色調讓空間氛圍更輕盈舒適。

圖片提供＿甘納空間設計

展示 X 收納

弧門片兼具收納、展示與把手功能

扁長形的格局，打破既有空間的三維象限，運用流動的弧線設計處理廊道轉角、家具，甚至是餐廳與書房之間也規劃橢圓櫃體做為劃分，且兼具收納與展示的功能，櫃體門片局部鏤空大、小圓形造型，巧妙成為把手之外，也不影響實際使用，同時又扣合圓弧設計主軸。

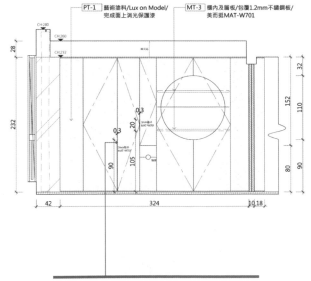

設計細節。部分門片搭配 3mm 鐵件把手設計，不同比例線條創造立面視覺的律動感。

材質選配。木作櫃體表面塗布特殊
藝術塗料，展現獨特的細緻紋理，
同時上消光漆保護。

異材質

浴櫃展現質感符合需求

業主希望衛浴空間的鏡面可以照到側面，因此設計者順勢將鏡櫃變成斜面設計。中央櫃體為業主最常使用的機能收納櫃。在鏡子下方設有石材收納凹槽，可放入牙刷、牙膏、洗面乳，不僅隨手好取，還能讓檯面整齊乾淨。

材質選配。櫃體材質用了石材、系統櫃、木作、鐵工、玻璃、磁磚等，石材檯面也是刻意選與系統櫃的花色相近。

設計細節。鏡子斜面藏有黑色三角形收納櫃，馬桶上方同樣設置系統門片收納櫃，門片選擇系統板材避免過重，而開放櫃則使用石材阻隔水氣。

工法運用。系統櫃內部使用發泡板，做法是當發泡板基座做好後再丈量石材，利用石材包覆發泡板，最後再安裝鐵工與玻璃，且鏡子斜面藏有黑色三角形收納櫃，靈活運用畸零空間。

復古通風

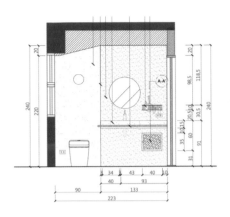

懸空藤編浴櫃透氣兼質感

位於廊道上的衛浴空間單純作爲盥洗、如廁
功能，浴櫃門片使用藤編材質，延伸呼應浴
室門扇，且特意懸空並與檯面有所區隔，將
收納機能家具化，也易於清潔打掃。另外，
把手與扶手鐵件皆烤漆鍍鈦古銅色，扶手正
面除可收納毛巾、擦手巾之外，延伸至側邊
也可懸掛衛生紙架。

尺寸解析。藤編櫃體深
度約 50 公分，可收納衛
生紙與其他備品。

五金挑選。鐵件材質烤鍍
鈦古銅色，與整體復古氛
圍更爲融合。

圖片提供＿ FUGE 馥閣設計集團

細緻框邊

三面鏡設計，全面兼顧照鏡與收納

考量到屋主有全方面的照鏡需求，上方安排鏡櫃，同時採用三面鏡的設計，放大照鏡面積，側邊也能看得到。由於洗面台牆面寬度較小，本就無太多收納空間，為了擴增收納，鏡櫃做到置頂，打開鏡面即能收納大量的保養品、化妝品。

尺寸解析。 為了在使用過程中不碰撞到吊櫃，櫃體深度做到 15 公分，扣掉前後櫃板，內部保留 12 公分的設計，牙刷、棉花棒等小型清潔用品都收得下。

圖片提供＿甘納空間設計

材質選配。 櫃身選用耐潮耐用的發泡板，空間充滿水氣也照樣持久不膨脹，而鏡櫃四周以不鏽鋼滾邊，表面噴漆米色，展現俐落輕奢質感。

視覺焦點

浴櫃門片魚鱗刻紋吸睛

由於衛浴空間經常處於潮濕狀態，因此設計師在選擇櫃體的使用材料上，會著重以「防水」為優先考量，同時設計上也在櫃門雕刻紋路，運用巧思營造視覺美感，讓浴櫃搭配整體空間調性及色彩，在低調中展現獨特吸睛的風格。

材質選配。浴櫃材質選用防水的 PU 發泡板，櫃門以 CNC 雷射切割刻劃出魚鱗造型，製造視覺上的凹凸溝紋，表面則採油性塗裝方便平時清潔。

設計細節。洗手台下的浴櫃兼具收納用途及隱藏排水管外露的功能，因此在櫃內規劃上通常以留空為主，可擺放清潔用品也便於維修。

圖片提供＿懷特室內設計

完美融合

天地壁同色融爲一體

利用小孩房上方的閒置空間增加收納，以相同的色系將門片收納隱藏且融合，左方運用圓孔造型增加光線流通，右邊則挖空做爲半台，上方還嵌有燈條增加平台照明。

燈光效果。右側挖空增設平台，上方嵌入燈條，增加平台照明，同時增添氛圍感。

設計細節。以相同的紅色讓門片收納完美隱藏與融合於環境中，減輕櫃體的視覺量體。

圖片提供＿＿蟲點子創意設計

吸睛端景

自身就是展示品的古銅色鍍鈦櫃

圓弧烤漆收納櫃是走出臥室的開口端景，舒適的淨白畫面靜謐鋪敘至臨窗處，以古銅色鍍鈦展示櫃摹寫讓人眼前一亮的點睛之筆。兩個材質截然不同的櫃體連結處運用反射鏡面作爲脫開關節，令量體可以更有餘裕地獨立表達各自的設計語彙；左右、上方壁面穿插面貼 5mm 厚度明鏡拉闊視野、放大空間。

設計細節。展示櫃旁搭配白色烤漆圓弧櫃，轉角圓弧處亦可開啟，選用拍拍手作爲門片開闔方式，省去多餘把手線條干擾。

材質選配。獨立櫃體主以鍍鈦包覆木作打造而成，搭配灰玻門片保護、展示收藏。在自然光灑落下，沉穩精緻的古銅色調令櫃體就是展示品。

圖片提供＿工一設計

多功能

金屬門面櫃增亮又有鏡面效果

此空間位於地下室的健身房，健身房常見的
立面會使用鏡面設計，但設計者擔心鏡面角
落經過長期使用可能破裂導致安全問題，而
改用金屬系統板材，不僅讓地下室增添亮度，
也讓業主在健身時可透過金屬板材觀察健身
效果。收納櫃內部設有多片層板，能讓業主
自由擺放健身器材。

燈光效果。櫃內个額外設置燈光，
因此設計者利用天花板的嵌燈轉向
往櫃內照，也能看得一清二楚。

材質選用。櫃體門片選用帶有
霧面光澤的金屬系統板，板材
外部貼上一層很薄的金屬板，
桶身同樣是系統櫃，易清潔。

圖片提供＿＿十穎設計

139

異材質

精緻輕盈的香檳金鍍鈦玻璃櫃

爲了打造女孩房更衣室入口處的端景印象，設計師選用直紋玻璃、香檳金鍍鈦金屬作爲開口構圖元素，描繪乾淨、清透同時兼具精緻感的畫面；玻璃面材獨有的穿透特性也賦予過道空間額外景深，加上燈帶烘托、令量體更加輕盈，降低視覺壓迫。

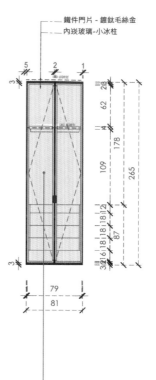

鐵件門片 - 鍍鈦毛絲金
內崁玻璃-小冰柱

材質選配。 櫃體運用小冰柱直紋玻璃、鍍鈦毛絲金金屬板與橡木染色作爲主要素材，呈現清透不壓迫的面貌，兼具一定的遮蔽性，營造整潔精緻視感。

設計細節。 此處主要以層板與矮櫃組成收納元素，矮櫃選用白色是希望無論明暗，從玻璃透出來的隱約影像仍能與外部立面色調相呼應。

圖片提供__工一設計

視覺端景

衣物收納成廊道風景

考量老屋爲狹長型格局，空間應用上並不適合闢出獨立更衣室，一方面沒辦法發揮坪效，另一方面也希望將臥房回歸僅休憩功能，於是顛覆一般傳統設計選擇將衣櫃規劃於廊道一側，櫃體立面局部選用小冰柱玻璃，營造半通透的視覺效果，也避免過於凌亂。下半段的線板造型則是回應另一側藤編衛浴門片。

圖片提供__ FUGE 馥閣設計集團

設計細節。將管線隱藏在櫃體內，避免壓低廊道天花板高度，同時也不會影響衣櫃的使用空間。

五金挑選。衣櫃內部採用上、下吊桿，中間搭配九宮格抽盤形式，曬好的衣服可以直接不拆衣架放回衣櫃，減少整理時間，九宮格則是收納貼身衣物。

櫃框/平光烤漆/DULUX/ICI白
櫃內/波麗板/北華安/A07楓水波木
U型吊衣桿/黑色
微動開關
內嵌硬條燈/金忠/LS1613/3000K
間接照明檔板/乳膠漆/Dulux/ICI白

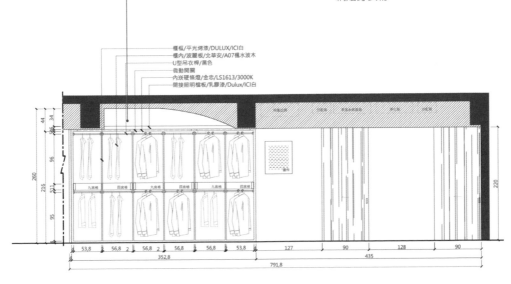

4 走入式收納

圖片提供＿木介空間設計

走入式收納設計空間相對比櫃體大，所以能擺放、儲藏的物品種類多，再加上可以針對業主的需求或是整理習慣規劃不同的儲物方式，設計彈性也會比較高，不過雖然空間變大，但以走入式儲藏間來說，很容易變成堆積雜物的驚喜房，業主忘記收了什麼東西、也找不到，演變成名存實亡的遺憾。另外如玄關入口的衣帽間、臥房內更衣間，建議空間也不要設計過大，同時要考慮動線。

專業諮詢：王采元工作室

走入式收納
設計形式

走入式收納 × 形式 1

只要 100 公分 ×90 公分就可以規劃出走入式收納，但須留意要預留動線行走的空間，如果需要配置門扇，建議採用橫拉門片，才不會阻擋內部空間的使用，同時建議維持在門片常保開啟時的狀態下使用儲物功能，才能隨時維持整潔狀態，不容易形成堆積。

走入式收納 × 形式 2

走入式空間的內部規劃，要看儲藏物品的特性與使用頻率、重量才能決定。舉例體積大又重的露營設備，不適合放在高處，不好拿取，而經常使用的生活雜物則要規劃在較低處且開放形式為主的層架，若預算有限也可以選擇現成角鋼，但提醒務必先安排物品的分類方式，搭配收納盒等配件一併使用。

走入式收納 × 形式 3

走入式儲藏通常會規劃於玄關、臥室更衣間、廚房的乾貨收納間、客廁旁，或是老公寓樓梯所產生的畸零角落，可配合週邊櫃體做整體設計，例如將儲物間配置鄰近廚房處，同時結合半高櫃體，購物回家後可在半高櫃平台整理，同時順手收入儲物間內。

走入式收納常使用門片

門片 1 × 玻璃折門

臥房內的走入式收納如果希望空間之間有所區隔,但又不希望視覺過於封閉,建議可使用玻璃折門,而當空間需要完全展開時,只需將門片一一折好收在一起,即可創造出寬闊的使用環境。

門片 2 × 橫拉門

走入式收納經常搭配使用橫拉門設計,無須預留門片的旋轉半徑,使用上較不占空間,門片材質選擇多,包含木作橫拉門、鋁框玻璃橫拉門等等,可根據空間需求決定是否需要穿透性。橫拉門依據軌道位置分為懸吊式或落地式,可作成單軌或多軌,門片數量從 1 片到 4 片都有,只要寬度足夠,還可作成多片連動式拉門,兼具彈性隔間機能。

門片 3 × 隱藏門/暗門

將門片融入在牆面設計當中,創造出如造型牆面的效果,視覺上也有助於放大牆面尺度,而設計上可透過材料與工法,讓門縫線條隱藏在牆面內,另外隱藏門因為是向內推的開啟方式,使用久了亦有污漬產生,也要慎選材質種類,如烤漆或木皮,後續清潔維護較方便。

攝影＿江建勳
產品、場地提供＿寶豐國際
股份有限公司

走入式收納常使用五金

五金 1 × 旋轉盤

旋轉盤是因應轉角空間所衍生而來的五金產品,在盤上的軸心中加入可360°轉動的五金,只要手輕輕撥便能轉動盤子,方便找到與拿取物品。隨衣櫃、櫥櫃尺寸的不同,有各式的高度與形式。

五金 2 × 網籃

不同滑軌形式,安裝位置也有所不同,因此除了滑軌形式須做確認,也應檢測安裝位置是否正確;一般三節式和自走式滑軌安裝於側邊,隱藏式滑軌及重型滑軌則是裝在下面。

五金 3 × 掛衣桿

分為鎖於櫃體頂板與側板兩種方式,隨各家品牌的設計而有所不同。另外也有將衣桿結合 LED 燈設計,讓拿取、找尋衣物更為方便。除了一般衣桿,還有所謂的升降衣桿(或稱下拉式衣桿),將中間拉桿向下拉,即可將高處衣物送到面前,輕鬆又不費力。

攝影＿江建勳

走入式收納
這樣做

通常會規劃走入式收納有幾個先天條件，一是空間剛好有角落、畸零地結構，其次是業主的收納習慣好，能自主管理且分類能力高，以及房子使用須面臨劇烈的過渡期間，例如孩子從 0 歲要跨到成年，需要高彈性的收納滿足使用變化等。

走入式收納 × 空間搭配

注意走入式儲物間、更衣間這類空間並不是愈大愈好，必須要考慮使用動線，而且要分區收納規劃，平常才好整理維持，另外如果並非擅於分類收納的業主，也無需為了做而做，避免淪為閒置或是雜物間。

走入式收納 × 注意事項

規劃走入式儲藏或是更衣間等設計時，必須注意業主個性與收納歸位的習慣，例如：業主的身高與慣用手，左撇子對於櫃子開門的方向性肯定與右撇子不一樣，以及拿取物品的順手位置等都要列入思考，另外像是小朋友的更衣間也須考慮掛衣桿的彈性空間，才能依年齡做高度調整。

圖片提供＿木介空間設計

吸睛焦點

櫃體多用途，讓使用上更無虞

在進家門玄關前規劃一梯廳儲物櫃，除了展示收納用途，並在地坪放置燈品家飾，藉由打光折射，讓不鏽鋼方管橫拉門展現質感；除了能隱藏排煙閘門系統增加美觀，另外也規劃洞洞板，能方便吊掛外出外套、雨傘雨衣以及安全帽等，將櫃體巧妙隱藏且融入空間之中。

圖片提供＿相即設計

五金挑選。 拉門設計規劃爲鐵件橫拉門，有雙向緩衝軌道，讓整體有型也更好開啟；另外在木作板上加上 9 個銅質的五金配件，設計好拿又好用。

尺寸解析。 儲物間總深度約 30 公分，木作板寬度則爲 138 公分，另外搭配 90 公分毛巾桿，保持展示與應變的活用性。

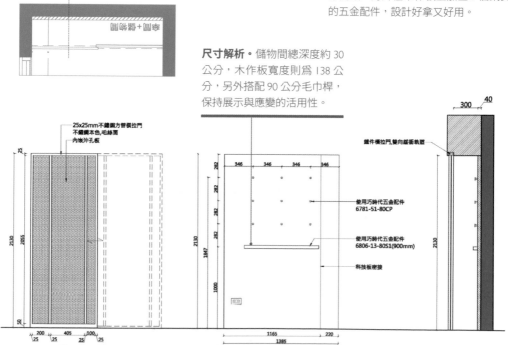

25x25mm不鏽鋼方管橫拉門
不鏽鋼本色,毛絲面
內嵌沖孔板

鐵件橫拉門,雙向緩衝軌道

使用巧時代五金配件
6781-51-80CP

使用巧時代五金配件
6806-13-80S1(900mm)

科技板密接

好拿取

玻璃摺門通透不擋道

位於玄關的鞋櫃與儲物間，正面左邊可吊掛
出入的外套、大衣與包包等，右邊則爲鞋櫃，
爲了滿足不同需求有著不同的深度設定。而
考慮到迴旋的空間不大，如果採用門片與大
門同時開闔可能會與之相撞、橫拉門進出也
不太方便，因此選用四折摺疊門，可依照情
況選擇開啟程度。

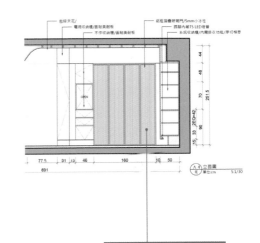

尺寸解析。 衣櫃部分深 50
公分方便掛外出衣物，鞋
櫃則爲 30 公分，並使用活
動層板可依不同鞋種調整
高度。

材質選配。 衣帽鞋櫃選擇
使用小冰柱玻璃折疊門，
細膩的霧面紋路全關時能
遮擋內部物品不顯凌亂，
同時擁有視覺穿透感。

圖片提供＿湜湜空間設計

147

好明亮

玻璃磚引光入玄關

此爲玄關鞋櫃與儲藏室，左邊爲 L 型鞋櫃，右側則爲儲物空間，兩個櫃體中間利用玻璃磚引客衛的光線入玄關，打亮入口光線，也讓樸素的儲藏室因光線的折射增添設計感。

材質選配。 儲藏室利用內部的玻璃磚與折疊玻璃門片引光並展現視覺穿透感，折疊門上方爲長虹玻璃，下方爲小冰柱則增加設計層次。

尺寸解析。 鞋櫃部分，因屋主爲女性，採深度 30 公分的活動層板就能滿足大部分鞋子的收納需求，而因爲家中有飼養貓咪，右側儲藏空間深 50 公分方便存放貓砂。

圖片提供＿溼溼空間設計

大容量

善用畸零轉角放大鞋櫃

入門的玄關收納，考量屋主有較大量的鞋子收納需求，利用轉角設置了大約 0.5 坪的 L 型走入式鞋櫃，不僅有放置鞋子的開放層板，右邊還有掛衣桿和雜物收納區，完整收納雨傘、外出大衣、安全帽等出門必需品，並用折疊門片將雜物隱藏，同時整平空間，維持玄關的清爽整潔。

圖片提供__思維設計

材質選配。 折疊門旁增設了嵌入式木板材層板架，方便放置常用的包包及隨身物品，也讓玄關更有造型不單調。

設計細節。 層板前方設置可滑動的穿衣鏡，完整玄關機能。

圖片提供__思維設計

順應動線

扇形門片好收拿大型物品

因為玄關空間小，又需要有鞋櫃與收藏小朋友推車的空間，因此設計師打造一圓弧形櫃體，並利用大片扇形門片作為儲藏室的出入口，方便收納嬰兒車、行李箱、電風扇等，輔助整個家的雜物收納；也由於這是獨立空間，平時可以做除溼乾燥，使整個收納空間保持乾爽舒適。

燈光效果。業主希望擁有落塵區，因此玄關地坪與木地板有著兩公分的落差，儲藏室內部燈光也能藉此透出營造輕盈感。

圖片提供＿

設計細節。白色條紋飾板增加優雅感與層次，外部開放櫃上方隱藏電箱，層板處則可擺放零錢鑰匙與常用外出鞋。

圖片提供＿混混空間設計

集中收納

集中儲藏，保留公領域的開闊性

與其做一堆櫃子，利用集中式收納概念，空間利用性反而更好。以此案為例，新成屋原始配置的二房格局，將主要單面採光完全隔絕，客變階段即進行格局調整，部分隔間拆除、公共場域拉至臨窗面，也由於為保持開闊通透的空間感，於玄關右側規劃完整獨立的儲藏室，搭配開放層架做各種生活雜物、換季電器、大型物件的整理。

圖片提供＿十一日晴空間設計

尺寸解析。 儲藏室約 0.9 ～ 1 坪的大小，規劃時主要留設出深櫃 50 公分，可擺置大型物品，而走道則為 85 公分的寬度。

設計細節。 儲藏室層架選用 IKEA IVER 系列，可依需求調整層板位置和儲物空間，使用上較為彈性靈活，開放層板也便於找尋物品。

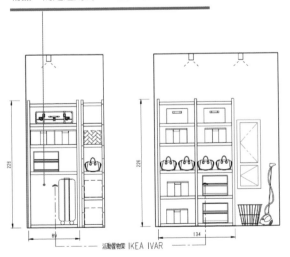

活動置物架 IKEA IVAR

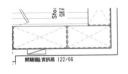

開關箱 實訊箱 122/66

Storage
儲藏室

滿足收納

玄關儲藏室收整廳區所有物品

位於大門入口的走入式儲藏室兼具衣帽鞋櫃與儲物功能，能收納外出衣帽鞋類，並利用層板收整工具與生活備品如衛生紙等，而下方留空則能擺放行李箱或嬰兒推車等大型物品，將廳區所有物品一次收納。

圖片提供__寓子設計

圖片提供__寓子設計

設計細節。 儲藏室內分為左側、中間開放式層板櫃與右側門片收納，將生活用品、衣帽櫃與鞋櫃分區避免沾染氣味。

尺寸解析。 儲藏櫃分為左右側，寬度各為 67 公分，衣帽櫃內設吊桿離地約 170 公分，方便拿取。

系統板半開放櫃 桶身及門片
EGGER F416 ST10 米色布紋
把手導斜邊
[中段開放H3349 ST19凱塞斯堡橡木]

系統板開放櫃 桶身
EGGER F416 ST10 米色布紋
木作天花板加強承重

系統板收納櫃 桶身及門片
EGGER F416 ST10 米色布紋
把手五金/拍拍手

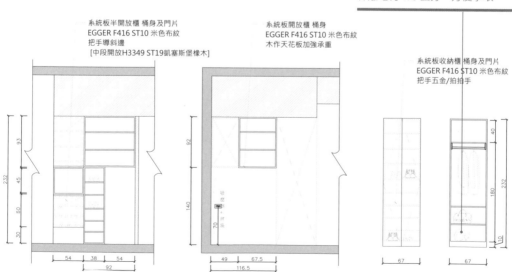

滿足需求

收納坐墊避免寵物破壞

位於客廳電視牆後方的儲藏室與一般收納公區雜物不同，而是以收納沙發坐墊為主：為了避免出門時家中的十幾隻貓狗破壞家中沙發與其他物品，因此會於外出時將沙發坐墊、貴重物等收到儲藏室內，等回家後再回復原位。

圖片提供＿濕濕空間設計

尺寸解析。因為主要是收納沙發坐墊使用，儲藏室深度100公分，內部則利用 L 型設計的活動層板進行收納。

設計細節。電視牆不做常見外凸式層板避免貓咪佔據擋住電視，改以於下方設計內凹開放式機櫃。

圖片提供＿濕濕空間設計

153

隱藏琴室

開門回插式鋼琴櫃

開放櫃體區與餐廚相鄰、共享空間，作為小朋友練習鋼琴與上家教課的彈性場地。右側落地櫃採雙開設計、主要用於收納鋼琴，全敞開時門扉皆可藏於櫃身、呈現ㄇ字型，無需挪動即可彈奏練習。左側桌體則可拉開為Ｔ字型，方便與老師對坐上課使用。

尺寸解析。落地櫃體為實木貼皮，主要用作隱藏、收納鋼琴用途，長度為 155 公分、左右需各再預留約 5 公分餘裕。

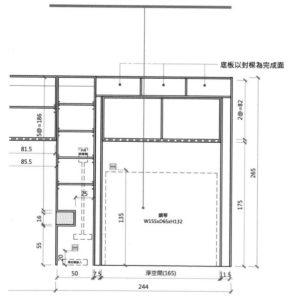

圖片提供＿工一設計

設計細節。為了讓鋼琴櫃打開後無需移動即可彈奏，左為單門片開門回插，右側兩扇門片則是折門回插，完整收攏後皆藏於櫃體側板。

圖片提供＿工一設計

門片透光

光影掩映的格柵衣帽間

主臥利用與玄關呼應的格柵元素圈圍獨立衣帽間，內外光影隱約穿透、減輕封閉壓迫感。以半高系統櫃爲中心的ㄇ字型設計，令內部空間一目了然、創造可輕鬆隨手擺放的直覺收納環境，當季常用的外套、換洗衣物皆歸整此處，取用方便。

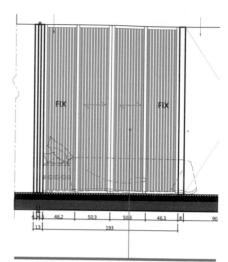

工法運用。格柵使用的 2 公分 X2 公分橡木實木條具備韌性不易斷的特色，但擔心長度因素導致格柵變型，所以設計師在上下兩端約 1/4 處加裝橫段補強，橫段需刻溝槽讓實木條內嵌其中使其更穩定、美觀。

尺寸解析。在格柵門片工藝設計中，木條寬 2 公分、鏤空間距則稍短一些、設定爲 1.8 公分，這樣在肉眼看起來才能展現出纖細、精緻的視覺效果。

圖片提供＿日作空間設計

多功能

更衣、客房兩用陽光儲藏間

多功能室擁有雙面落地採光優勢，特別選用
四片分割的長虹玻璃作更衣間門片，彈性調
整儲藏面積，穿透材質讓陽光自由溫暖每個
角落。平時將折門開啟時，全室皆可儲物，
而當小孫子來陪伴過夜時，只要規整好雜物，
就能變身小客房。

燈光效果。為了爭取拉門內更多的
立面收納量，上方沒有封板，所以
利用外側天花板側邊內嵌 T5 燈管，
作為走入式儲藏衣櫃的主要照明。

尺寸解析。衣櫃左側為深度大於 40 ～ 50
公分的凹槽，選用彈性層板型式，讓屋主
方便收納行李箱、過季電器等大型雜物。

圖片提供＿日作空間設計

157

平整收納

場域重疊，增強坪效使用機能

透過設計外層拉門，在臥房中界定出一個獨立更衣空間，內部左右兩側規劃為層板與抽屜櫃，可收納摺好的衣物，中間則有吊桿與抽屜櫃，滿足衣物收納需求，此外，以直向黑層板取代樑柱，兼顧支撐穩固性亦讓視覺更簡約。

尺寸解說。 櫃內的深度取 40～50 公分，能剛好架設吊桿掛上衣物，最上層則設計層板，賦予多元收納的機能性。

設計細節。 左右側邊的吊衣桿為吊掛大衣處，而正面則分上下兩區域，上方吊掛上衣襯衫，下方可吊掛褲子；最上方的層架則設計可擺放收藏盒。

圖片提供＿知域設計×一己空間制作

放大視覺

運用輕透毛玻璃帶來視覺延伸

為了有效利用室內空間，更衣間和臥寢區以玻璃拉門區隔，此規劃概念也讓走道路線得以共用。櫃體內分配了三座抽屜與十字格抽，方便收納可摺式衣物，另有將近 250 公分的吊衣桿，並且在衣桿左右以五金補強增加承重度。同時設計師也運用在壁面鋪陳淺色壁紙與木紋系統板，一明一暗的色彩與建材配置，呈現出溫潤氛圍。

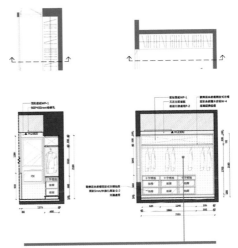

尺寸解析。 總寬度將近 253 公分、深度約 49 公分的展示收納衣櫃，內部利用不同尺寸的層板架組合，能讓屋主靈活調整衣物的收納放置。

材質選配。 床頭結合隔屏與拉門式的更衣空間，搭配銀竹玻璃（毛玻璃）的半透明造型門片，兼具隱蔽與透光的效果，藉此放大了空間視覺感，也在衣桿底藏鋁擠型燈條，方便夜間拿取衣物，讓整體的設計感與機能性都相當足夠。

圖片提供＿相即設計

圖片提供＿相即設計

整合牆面

無印風隱藏更衣間

低彩度寢區利用木質元素與純白設色作主要沉靜基調，屏棄多餘花俏的裝飾元素，將更衣間與衛浴入口藏於暗門後，加上無五金把手設計，令畫面更加乾淨無干擾，描繪一處舒適療癒的無印桃花源。步入式更衣間融入舊有矮櫃，結合ㄇ字型掛衣桿，規劃以吊掛方式為主的常用衣物收納空間。

圖片提供＿太硯設計

設計細節。屋主將部分雜物存放附近舊家，因此主臥更衣間僅需收納常穿衣物，利用ㄇ字型吊衣桿、搭配抽屜與原有矮櫃，整合新舊家具，令空間規畫更符合屋主生活習慣。

材質選配。純白門片採無把手極簡無印設計，為了因應頻繁觸碰使用需求，選擇耐髒、耐刮、能熱修復的 Fenix 美耐板鋪貼表面，令其兼具美觀與實用性。

圖片提供＿太硯設計

直覺收納

幾何切割，隱藏更衣室入口

老屋透過格局調整，保留採光良好的主臥，縮減一房改為步入式更衣間、藏於臥室入口左側，同時規劃設備齊全的寬敞舒適主浴。設計師充分考量屋主國劇武生表演者的職業、個性需求，將梳化臉譜、泡澡、淋浴、書法等自省儀式隔絕於私領域中完成。更衣室以吊掛衣物為主要收納方式，由於屋主配件類較少，改用掛鉤取代抽屜，好收好拿的直覺系收納邏輯，為生活中帶來更多便利。

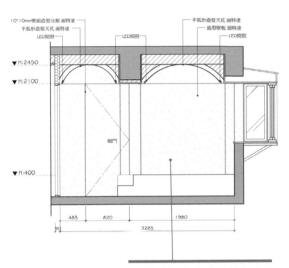

尺寸解析。 灰色寢區其實暗藏三道門片－出入口、更衣室與衛浴，以 210 公分長方形門片幾何切割立面線條，營造遺世獨立氣息，徹底隔絕外界紛擾。

材質選配。 由於屋主職業關係有著成熟老靈魂，在與自身相處的寢區選用樂土營造沉穩靜心語彙，與公領域的復古上海灘風格形成強烈對比。

圖片提供＿太硯設計

5 隱藏櫃

隱藏櫃的優點為看起來乾淨整潔不易累積灰塵，且在做立面分割時外觀俐落、視覺一致。缺點是若無定期整理檢視櫃內物，會無意識添購重複物品，一段時間後就會過期浪費，例如許多廚房吊櫃又高又深，時常放入東西後就會懶得拿。因此規劃前應先了解家庭成員需要放置的物品，依其需要分割櫃體內部、添加周邊掛件產品，或是使用籃子來增加收納的靈活度，使櫃體功能與整體空間更貼近業主需求。

專業諮詢：十穎設計、構設計

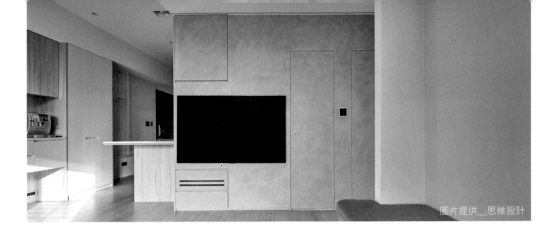

圖片提供＿思維設計

隱藏櫃
設計細節

隱藏櫃 × 材質

市面上最常見的隱藏櫃所使用材質爲系統板材，經常與木作工法搭配。由於板材是由實木拼接而成，仍保有實木怕水氣的缺點，因此受潮後會容易膨脹變形，再加上板材由黏著劑黏製而成，可能還會有層層剝落的情形，不適合用在過於潮濕的地方。

隱藏櫃 × 五金把手

選擇與立面一致的材質、門片厚度、切割工法與塗裝，能達到立面整合隱藏櫃的效果。另外，透過無把手設計，像是在門片溝縫留下約 2 ～ 2.5 公分的斜切寬度，讓手指能深入開門；或者安裝拍拍手五金，須注意大片門片若只單一顆，回彈效率不高，可以裝兩顆確保回彈機能。

隱藏櫃 × 顏色使用

從業主的使用需求與生活機能來思考隱藏櫃設計，再選擇材質與顏色搭配整體空間。拜印刷技術所賜，系統板材有多種化紋可選擇，包含：木質紋、仿石紋（如：大理石、水磨石、白網石）、仿清水模、亞麻紋、布紋、皮革紋，可按照業主喜好挑選。相同色系、紋理的隱藏櫃能營造乾淨俐落的氛圍，跳色、異材質接合的隱藏櫃則能帶出空間亮點。

圖片提供＿構設計

圖片提供＿十穎設計

163

隱藏櫃
常使用工法

工法 1 × 門片作斜角度

考量美觀與開門的順手性，無把手設計能讓隱藏櫃設計視覺更簡練，易於融入各種風格。利用導斜角 35 ～ 45 度的方式，在門片與門片之間預留 2 ～ 2.5 公分作為開啟的施力點，依照櫃子高度和開門方向的不同，把手會設計在不同的地方，多設置於容易就手的高度。

工法 2 × 修飾門片

隱藏櫃的門面正是門片，因此無論是使用實木貼皮或是美耐板都需要注意平整度。例如實木貼皮在施作時需先擦去灰塵粉粒，有坑洞可先補土磨平後貼上黏著劑後黏貼，且無論實木貼皮或美耐板表面都應注意貼邊皮的收縮問題。

圖片提供＿構設計

隱藏櫃
常使用五金

五金 1 × 鉸鍊

鉸鍊主要是能夠讓門產生轉動並達到開啟、關閉的五金組件。因此可看到這類五金經常被使用在隱藏櫃體上。結合門片跟桶身的五金配件有很多種，差別只在於開的方式。如果是木作隱藏櫃體，要選擇哪種五金都沒有問題，蝴蝶鉸鏈是最廣泛應用於隱藏櫃的鉸鍊，還有旗鉸鍊、暗鉸鍊等。

五金 2 × 滑門軌道

隱藏門片櫃除了可正面開啟外，還有滑門設計形式，此時會需要使用滑門軌道。軌道材質常見的有鋁、銅、木作等，並又再細分 V 型、U 型與 ㄇ 型。施工時須特別注意軌道結構與安裝時的溫度等鋪設條件，並且考量軌道能承受的重量來選擇門片材質。

圖片提供＿日作空間設計

隱藏櫃
這樣做

隱藏櫃 × 常見風格

除非業主強烈要求不希望使用，隱藏櫃基本上適用於任何風格，不論是現代風、北歐風、混搭風、鄉村風，皆能使用隱藏櫃。只要將機能整合於設計中，依據業主喜好的顏色、材質、紋理，就能搭配出各種各樣的風格與視覺層次。

隱藏櫃 × 使用目的

隱藏櫃有別於展示櫃設計，目的多半是為了透過櫃體整合牆面呈現簡約俐落感，避免複雜的設計元素造成雜亂無章的視覺感受，但是若需要收納電器、設置插座，應先將管線配置妥當、出口預留好，才不會破壞整齊劃一的外觀設計。

隱藏櫃 × 注意事項

由於隱藏片多為無把手設計，常需要觸碰門片，因此建議板材挑選較好清潔的材質或是深色門片比較實用，尤其是在廚房門片的挑選更需注意。而因為長時間碰觸門片某處，可能會出現些微褪色的使用痕跡，是不可避免的狀況之一。

迎賓過道

框架迎賓藏客衛增收納

因爲客衛位於玄關大門處，且水路、結構不能更動，因此屋主希望至少能夠遮擋門片，並且不要直視廚房，設計師透過一個鋼刷木皮框架巧妙隱藏客衛，另一側則爲鞋櫃，內部用活動層板達到最大的收納，此外還運用燈光與斜角水磨石牆面引導視線轉入客廳。

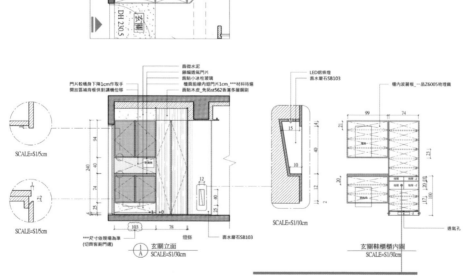

尺寸解析。玄關鞋櫃中段設有兩段抽屜，一層高爲 10 公分，一層爲 20 公分，可以依需求擺放出入物品，例如薄層可以收整信件、帳單等。

燈光設計。設計木質框架隱藏客衛後，更利用於側邊埋入 LED 鋁條燈，藉由打光塑造迎賓效果。

藏得好

樑下玄關櫃整合平面

玄關入口處利用隱藏門片櫃嵌入樑柱與牆面中打造鞋櫃，而櫃體中央特地鏤空則可用來放出入小物，門片運用清水模面漆與右邊水泥牆面、左側深灰色衣帽櫃以深淺色調凸顯視覺層次，展現現代沈穩風格。

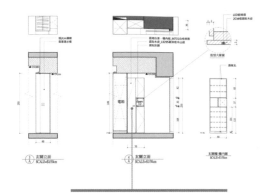

尺寸解析。隱藏玄關鞋櫃深度為40公分，並運用活動層板保有彈性，左側衣帽櫃則深度60公分能輕鬆吊掛衣物。

工法運用。因為隱藏櫃為了讓整體視覺平整沒有做把手，而是利用將溝縫退2公分，方便開闔。

圖片提供＿構設計

雙面運用

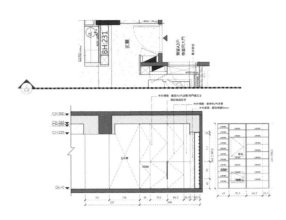

雙面機能的玄關隔屏櫃

敞朗廳區以淺色櫃體作為玄關入口隔斷，質樸淨白畫面成為透光石牆的最佳背景。這個雙邊皆可使用的大型量體，巧妙包覆隔間牆與立柱、化零為整，令外觀視覺更加統一，玄關面為鞋櫃、靠廳區處則提供雜物收納，開關面板順應入門後的動線習慣，整合於櫃側，充分發揮櫃體使用效益。

設計細節。量體身處於玄關與客廳交界，肩負入口端景隔屏功能；本身為雙面櫃設計，具備玄關鞋櫃與客廳收納兩種機能。

圖片提供＿工一設計

材質選配。櫃體表面塗覆米白塗料，展現樸實肌理，特意裝設古銅色鍍鈦長把手，利用質樸與前衛的反差視感，更凸顯了素材各自韻味。

圖片提供＿工一設計

收納加倍

巧用旋轉五金，打造雙層櫃體

原始的玄關較窄小，為了最大化利用空間，沿著轉角安排三角形鞋櫃，同時打造雙層的儲物空間。第一層的鞋櫃採用雙開門的設計，在玄關打開就能拿取。而鞋櫃本身再搭配旋轉五金，能將整個櫃體拉開，內部再安排層板，形成第二層的儲物空間，整體透過巧思達到收納加倍的實用功能。

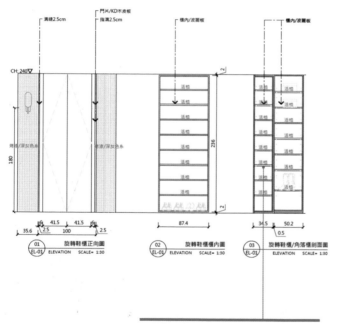

01 旋轉鞋櫃正向圖	02 旋轉鞋櫃櫃內圖	03 旋轉鞋櫃/角落櫃剖面圖
EL-01 ELEVATION SCALE= 1:30	EL-01 ELEVATION SCALE= 1:30	EL-01 ELEVATION SCALE= 1:30

尺寸解析。 為了盡可能利用空間，第一層櫃體採用 35 公分深，能收納各種鞋子，而第二層櫃體則安排 50 公分深，方便收納家務備品或大型物件。

170

圖片提供＿一它設計

圖片提供＿一它設計

五金挑選。考量到櫃體與鞋子加起來的重量，第一層的旋轉鞋櫃選用承重力高的五金轉軸，翻轉才滑順不歪斜，五金則分別固定在天花與地板，透過地板承接重量。

立面層次

整平空間，隱藏小樑

在玄關連結客廳的空間中，爲了讓空間更爲平整，卽在樑的下方設置收納櫃，藉此將樑隱藏也讓視覺更平整俐落。右側則延伸電視牆深度做收納櫃，供放置電器用品，利用深度不同創造電視牆的漂浮感和空間層次。

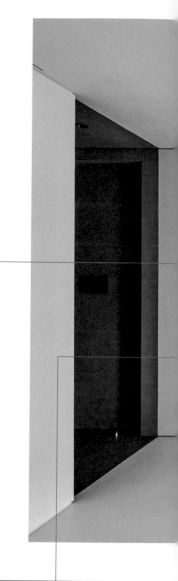

五金挑選。較淺的櫃體使用拍拍手五金，捨棄手把讓櫃體線條更簡潔，而最靠近電視的櫃體爲遙控及使用方便，使用巴士門五金，開啟時不佔用空間同時能維持櫃體簡潔的表面。

材質選配。左邊較淺的櫃體使用特殊塗料，而電視牆延伸櫃體則選擇白色烤漆，同色系卻但不同質感，達到統一調性卻不失空間層次。

燈光效果。櫃體間轉角處設置燈條增加空間氛圍。

收整大樑

善用樑下創造海量收納

因為屋主希望家裡能有強大的收納，因此善用客廳樑下打造隱藏門片電視櫃，並運用局部鏤空既能擺放展示品同時展現層次。而窗戶邊櫃則因應天花與地坪採用木皮門片隱於其中創造畫框形式。

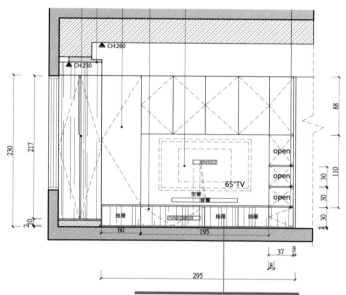

尺寸解析。電視牆隱藏櫃內擁有強大收納，深度為40公分與大樑切齊，抽屜櫃與下掀式高度 30 公分，能收納大部分的視聽電器與客廳雜物。

設計細節。 因為擔心家裡有小朋友亂碰電線，因此於電視下方的電器櫃位置加設下掀式門片確保安全，同時也不易沾灰塵。

藏於無形

統一色調，隱藏收納

客廳空間的電視櫃收納，為了不讓狹窄的電視主牆再被縮小視覺，又必須有收納空間，因此將櫃體採嵌入式收納，並將門片與電視牆統一色調，完整電視主牆視覺。左上方採用一般開門方式，下方第一個櫃體為下掀式收納，第二個櫃體為抽屜式抽納，滿足電視櫃的各種收納需求。

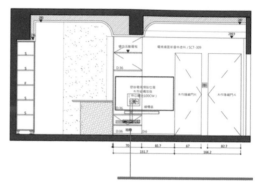

尺寸解析。上下櫃體深度皆為 40～50 公分左右，讓客廳雜物皆能收納。

材質選配。使用特殊塗料司曼特灰泥，整合櫃體與牆面色調，手刷紋路也讓空間更有層次感。

設計細節。上掀式收納門片開了兩條細縫，方便透氣及遙控電器。

圖片提供＿思維設計

多功能

拉門整平空間，隱藏收納

在餐廳連結客廳的空間中，為擺放屋主的鋼琴，因此在電視旁的區域設置拉門，將鋼琴隱藏，維持空間一致性和簡潔感。電視牆側邊以黑色格柵門片與電視整合，減少電視的突兀感，也方便遙控機電和透氣，電視上方和左側櫃體則使用與拉門和電視牆相同的特殊塗料，將所有收納藏於無形。

圖片提供＿蟲點子創意設計

材質選配。櫃體門片皆選用灰色特殊塗料，將櫃體與牆面融合，令客廳有足夠收納空間，且仍能保持乾淨俐落的視覺效果。

設計細節。鋼琴區利用拉門將鋼琴隱藏，同時整平空間，令視覺更俐落乾淨，而電視櫃內部有層板亦有抽屜式收納，滿足多種收納機能。

圖片提供＿蟲點子創意設計

整合收納

深淺櫃體創造層次感

為了充實客廳的收納機能，沿著沙發背牆安排電箱櫃與底櫃，上方順應柱體做出假牆，中央安排門片藏起電箱，下方則設置 30 公分深的矮櫃，形成深淺層次的視覺效果，矮櫃略微凸出的設計，也多了能放置展示品的檯面。整體選用柔和的奶茶色系，為空間注入溫暖沉靜的氛圍。

尺寸解析。 上方保留 20 公分的深度，巧妙遮起電箱，下方矮櫃則搭配兩片層板，間距 32 公分的高度能收納生活雜物，同時設置抽屜方便抽拉。

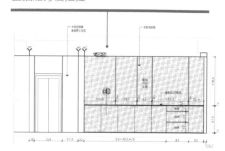

燈光效果。 為了能一眼看盡沙發背牆，矮櫃做到一米高，令櫃體檯面的展示品不被沙發遮擋，且內側順勢嵌入燈條，能作為打亮展示的氛圍光。

圖片提供＿一它設計

178

藏於無形

櫃體與牆體一致將收納融為一體

14 坪日式侘寂風小宅，是年輕夫婦開展未來的新居，因為空間有限因此需要思考如何將厚重的冰箱與電器收納又不影響動線。透過隱藏手法將廚房大電器與樑柱收整於壁面，門片與立面亦選擇相同顏色，弱化櫃體感受。

五金挑選。 烤箱上方的收納空間，門片內配置半怪物五金，能夠旋轉拿取擺放的乾貨，相當方便。

尺寸解析。 烤箱為 60X60 公分的標準尺寸，完美嵌入櫃體之中，而冰箱則比深度多一些方便開啟使用。

圖片提供__甬拓設計

179

融爲一體

餐廚櫃完美隱藏融入空間

開放的廚房空間以隱藏的嵌入式收納，將電
器、門片收納等結合爲完整平面，再將地坪、
廚具、收納門片等皆使用相同的灰色防水特
殊漆，讓櫃體與廚房空間融爲一體，弱化櫃
體視覺且保持空間視覺俐落乾淨。

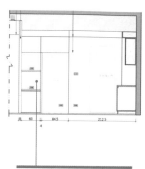

尺寸分析：使用標準廚具
深度 60 公分，方便收納
各種電器用品。

材質選配。櫃體、廚具和地坪皆使
用灰色防水性特殊漆，運用特殊漆
的紋理展現層次，且其防水特性讓
廚房也能安心使用。

圖片提供＿奇逸空間設計

多功能

雙色兩面櫃滿足機能

餐廳後方櫃體是灰白雙色的兩面櫃，白色隱藏櫃面向餐廳順應樑柱高低調整高度，並以退兩公分的溝縫作為把手；右側灰色衣帽櫃面向玄關方便吊掛外出的大衣、外套等。

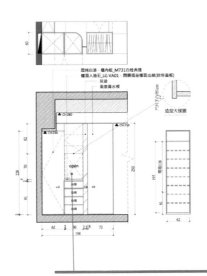

面純白漆‧櫃內板_M731白橡木紋
櫃面人造石_LG VA01‧簡圍插座檯面出線(照作蓋板)
灰漆
批塗清水模
open

造型大樣圖

尺寸解析。 隱藏餐櫃分為右側鏤空抽屜櫃與左側活動層櫃，深度60公分與側邊衣帽櫃齊平，鏤空吧台高度離地90公分、高80公分，方便準備輕食。

設計細節。 因為家中尚有幼童，因此於櫥櫃中央設計鏤空處打造輕食吧台，可擺放熱水壺、咖啡機等。

圖片提供__構設計

充足收納

奶茶色隱藏櫃貼合風格與機能

餐桌後方整面隱藏系統櫃體，利用不同深度
高度整合不同需求與功能。左側靠近廚房中
島處中央作爲展示品與小家電擺放空間，下
方則預留掃拖機器人的擺放之處，門片內則
使用層板提供充足收納空間。

圖片提供＿寓子設計

五金挑選。抽屜使用進口
緩衝五金，使用更爲順手
靜音。

尺寸解析。隱藏櫃高 224 公分
下方則留有 12 公分的踢腳空
間，內部深度 50 與 58 公分滿
足不同收納需求。

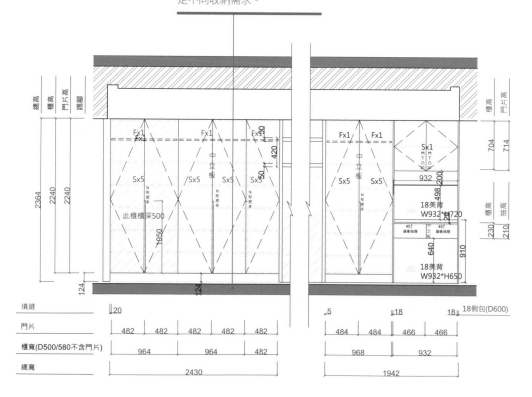

多功能

抽拉層板，增加平台

位於廚房的收納櫃，深度較淺，主要收納咖啡機、電鍋等小家電，爲維持動線順暢，使用上掀式門片，中間設置抽拉層板，增加使用平台；最下方則爲抽屜式收納，供廚房備品及調味料收納使用。

五金挑選。 使用上掀式五金，作爲小家電收納區，可直接打開門片使用，且不影響動線，也不需再移動小家電至外面平台。

設計細節。 增加拖拉層板，讓櫃體不僅擁有收納機能，同時也增加了廚房的使用平台，要注意如果電器使用時會有蒸汽的話，需拉出來使用，才不會影響上部貼皮。

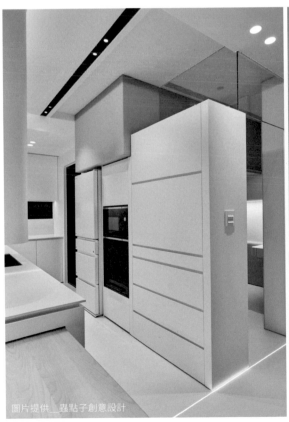

圖片提供＿蟲點子創意設計

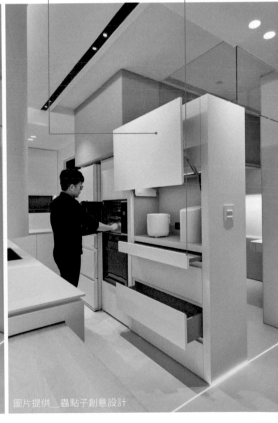

圖片提供＿蟲點子創意設計

收納 ✕ 動線

櫥櫃、門片隱藏整合，乾淨俐落

開闊的公領域中，中島、餐廳區域成爲玄關入門後的主要視覺焦點，此處包含了臥房動線和家電設備的收整問題，於是設計師利用木皮作爲整體延伸，將門片、櫥櫃隱藏在木皮立面內，冰箱、家電則透過嵌入式結合，多工整合立面的設計手法，創造簡潔俐落的氛圍。

設計細節。木皮立面不僅結合收納電器功能，最右側也包含通往臥房的動線，將機能收整得更乾淨俐落。

材質選配。機能性立面延續天花板的木皮材料，讓視覺產生延伸效果，大尺度寬面的木皮對應中島、餐桌比例上也較爲和諧。

圖片提供__ FUGE 馥閣設計集團

大收納

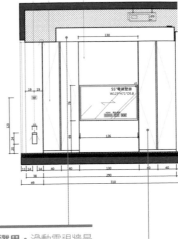

活動 TV 牆內嵌衣物收納櫃

主臥電視牆後方亦為一整排的衣物收納區，內藏系統櫃配置的抽屜、拉籃等設計，提供屋主更細緻、大量的衣物分類收納空間。塑合板櫃體表面貼覆美耐板，方便日常簡單擦拭清潔、不易磨損。電視牆可透過上軌道左右橫移，充分使用後方門片櫃體空間。

工法選用。 滑動電視牆是讓信號源與電線走上方線槽，整合連結至後側層板於硬管內、再延伸壁面水電開口，保證電視牆左右橫移不卡線。

設計細節。 主臥門片全開啟時，把手、門檔與門板厚度約為 12 公分，幾乎能完美貼合同一平面 13 公分厚度的滑動電視牆，讓寢區畫面在開關門時都能呈現秩序美感。

圖片提供__日作空間設計

化解煞氣

圖片提供＿構設計

整面收納隱藏大樑滿足需求

因爲床頭上方有支大樑，因爲利用樑的寬度嵌入隱藏收納，不僅解決樑壓床的風水問題，也增加臥房的收納空間。而與溫暖米白色牆面相比，稍微冷調的灰白色門片則在隱藏中突出空間層次與典雅韻味。

設計細節。 櫃體內全部空間皆不浪費，上方規劃層板收納，下方則利用上掀式門片創造櫃中櫃空間，能收納換季棉被與衣物。

尺寸解析。 床頭櫃牆深度 40 公分，高度則到頂，並使用活動層板彈性收納，而上掀櫃離地 120 公分，下面則墊 30 公分，深度 90 公分方便拿取物品。

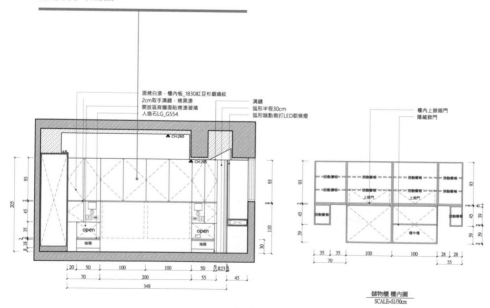

面烤白漆，櫃內板_1830紅豆杉鏤鏡紋
2cm取手溝縫，烤黑漆
開放區背牆面貼烤漆玻璃
人造石LG_GS54

溝縫
弧形半徑30cm
弧形端點側打LED鋁條燈

櫃內上掀暗門
隱藏掀門

CH=260
CH=205

open
抽屜

open
抽屜

活動層板
上掀門
櫃中櫃

儲物櫃 櫃內圖
SCALE=S1/30cm

包覆樑柱

壁櫃修飾樑柱，異材質拼接添質感

很多住宅空間經常面臨臥房床頭樑柱結構問題，這樣的空間很適合用來增加收納，以此案為例，利用柱體產生的畸零處打造看似隱藏於壁面的櫃牆，右側其實僅具有修飾柱體的作用，中段包覆皮革處為可開啟的門片，適合收納換季被品，左側長形櫃內部為層板設計，可擺放書籍，維持空間的整齊。

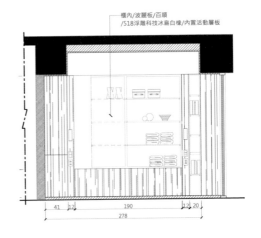

櫃內/波麗板/百順
/518浮雕科技冰晶白橡/內嵌活動層板

41　12　　190　　12 20
278

材質選配。櫃體立面搭配皮革繃飾與木皮交織，凸顯高雅質感，門片結合鐵件提升精緻度之外也兼具把手用途。

設計細節。左側長形櫃體分割為上、下兩個收納空間，若日後增加床頭邊几也不會影響櫃體的使用。

圖片提供__FUGE 馥閣設計集團

圖片提供__FUGE 馥閣設計集團

多重功能

活動門巧妙包覆，臥房簡潔有條理

在臥房床尾以方便收納、好拿取爲設計原則
規劃出隱藏櫃體，整合層板、吊掛與抽屜等
多功能性的牆櫃，讓屋主衣物、防潮箱和保
險箱都有專屬位置，同時在櫃體搭配壁掛架
放置電視，再運用特殊五金讓拉門好開闔。
維持主臥的整潔與優雅外觀，以及在有限坪
數中，達到最大收納化。

圖片提供＿相卽設計

五金挑選。複合櫃平移拉門使用特殊
五金「巴士門」，有效整合電視壁掛
架，另外搭配五金把手，提供彈性的
開闔設計，讓屋主能較順手實用。

尺寸解析。衣櫃內裝的三部分吊掛各有不同
高度，左邊與中間收納一般襯衫約 100 公分，
最右邊則是收納長大衣等厚重衣物，衣桿高
度約 180 公分，其深度約 60 公分，也用來收
納屋主的家電設備等。

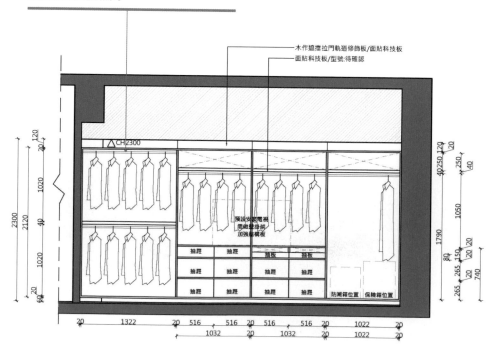

凸出焦點

內嵌樂高展示櫃

以封板方式接合櫃體與建築大樑，讓整體視覺一致，同時依據業主身高設置櫃體高度。業主有大量收納厚重書籍的需求，且組樂高為業主興趣，旁邊搭配的是隱藏型門片櫃，櫃體門片材質刻意選擇與立面塗料相似的顏色，如果不打開櫃體，看起來宛如一整面牆，視覺焦點會完全聚焦在樂高展示櫃上，並且在展示櫃裡藏燈條，加強重點照明。

材質運用。內嵌展示櫃運用系統櫃製成，設計者須先測量正確尺寸並預留燈光電路，再以系統櫃搭配鋁框門設計而成。

燈光效果。有些藝術展品不適合直接用光照射，可能會造成展示品毀損，若有打燈需求，須特別注意照射的展品是否適合直接照明。

圖片提供__十穎設計

藏於無形

嵌入式收納整平空間

隱藏壁掛式馬桶管線及水箱的牆面上方有閒
置的平台，因此用木作櫃體整平空間且增加
收納，讓空間視覺更乾淨、俐落，內部皆為
活動層板，供放置衛浴雜物使用。

材質選配。門片使用與牆
面相同的特殊塗料，使櫃
體更加隱藏且融入空間。

尺寸解析。深度為
20 公分左右，方便
拿取及放置衛浴常
用的小瓶罐。

圖片提供__蟲點子創意設計

畸零利用

嵌入牆面，隱藏收納

進入衛浴右側是洗手台空間，延伸出的牆面上方有隱藏式衛生紙收納，嵌入式洗手臺下方也使用隱藏收納，並以和地坪、檯面相同的特殊塗料將櫃體完美隱藏於牆面中。

尺寸解析。因空間狹小，僅利用預埋管線的牆面深度來設置收納及水槽，大約 30 公分左右。

燈光效果。衛浴地坪左下方設置燈條，增加空間氛圍。

圖片提供__蟲點子創意設計

動線收納

樓梯下增設收納，提升坪效

這是一個只有 13 坪的小坪數，運用夾層拓展
空間之餘，也順勢沿著樓梯嵌入櫃體，空間
不浪費。由於樓梯鄰近大門，安排一處開放
櫃能放置當天穿過的外套或公事包，次污衣
櫃的設計更符合生活需求。而相鄰的封閉櫃
內部則設置活動層板，方便屋主自行調整運
用，能收納生活家務備品。

圖片提供＿一它設計

工法運用。有別於一般的方正櫃體，樓梯下
的櫃體需算準門片的斜面角度，並製作打版，
安裝時才能精準密合不脫縫，同時搭配拍拍
手的五金，無把手的設計讓立面視覺更俐落。

尺寸解析。考量到須設置次淨
衣櫃，櫃體最高處離地 184 公
分，而掛桿則安排一米高，適
合收納外套長褲，掛衣不沾地。

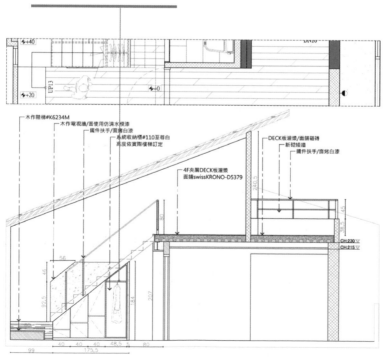

木作階梯#K6234M
木作電視牆/面使用仿清水樣漆
鐵件扶手/面噴白漆
系統收納櫃#110至尊白
高度依實際樓梯訂定

4F夾層DECK板灌漿
面鋪swissKRONO-D5379

DECK板灌漿/面鋪磁磚
新砌矮牆
鐵件扶手/面烤白漆

CH:230
CH:215

輕盈質感

弧形吊櫃門片隱於無形完整收納

更衣室上方吊櫃門片隱於無形，並且使用弧形收邊，維護梳妝台使用安全，下方也有光帶提高空間亮度，右側則爲開放的掛衣空間，掛衣桿下方還藏有光帶，增加掛衣處光線。

燈光效果。櫃體下方嵌入燈帶，化解壓迫感同時也增加化妝時的亮度。

設計細節。化妝桌部分也有設置抽屜收納，完整更衣室的各種收納型態。

圖片提供＿蟲點子創意設計

隱於廊道

重整格局形塑隱於壁面的茶水櫃

複層中古屋格局經過大幅調整,利用主臥房
與起居室之間的隔間轉折處,配置出如內嵌
形式的茶水櫃,讓業主無須再下樓走到廚房,
底櫃隱藏管線也增加儲物空間,可收納茶葉
或咖啡等。

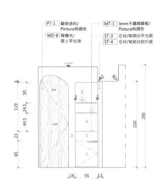

PT-1	藝術塗料/Pintura特調色	MT-1	3mm不鏽鋼鍍板/Pintura特調色
WD-8	橡檀木/霧上平光漆	ST-3	石材/繁鍋白平光面
		ST-4	石材/繁鍋白廚爪面

圖片提供__源原設計

材質選配。立面與櫃體採用
一致的的藝術塗料延伸,讓
櫃體更有嵌入壁面的效果。

五金挑選。櫃體門片使用
BLUM 拍拍手五金,簡化
立面設計更俐落。

放大空間

融入背牆的隱形圓弧櫃

住家規劃初期已先跟屋主確定沙發尺寸，發
現預設背牆長度在放置家具後略顯侷促，選
擇加入 45 公分厚度轉角櫃拉闊格局，藉此確
立客廳領域。背牆延伸櫃體皆塗覆都芳漆，
構建一體成形的淺灰色量體，以圓弧修飾銳
角，並用顏色減輕重量，位於公領域中心的
收納櫃瞬間「隱形」。這裡因應屋主使用習
慣，提供打掃器具等雜物，方便取用儲藏。

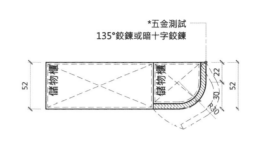

*五金測試
135°鉸鍊或暗十字鉸鍊

儲物櫃　儲物櫃

52　22　30　30　52

尺寸解析。 櫃體厚度約為 52 公分，
皆採沒有五金外凸的內凹把手設計。
圓弧轉角側為落地長櫃，高度提供
吸塵器等家電收納，一旁則搭配雙
開門片與抽屜等設計。

燈光效果。 在圓弧櫃體側
邊角落、離地 15 公分處，
嵌入 LED 燈帶，周遭運用
鍍鈦金屬、都芳漆等材質，
設置照明夜燈導引動線。

圖片提供＿工一設計

俐落質感

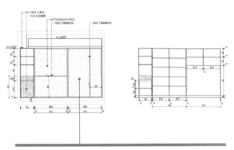

衣櫃＋雜物櫃，充實收納功能

客廳後方運用玻璃拉門圈出多功能空間，略微架高的地板形成空間過渡，能作爲遊戲室或客房。而後方沿牆嵌入櫃體，除了當作客房的衣櫃，也能作爲公共區域的雜物櫃使用，內部更安排能收放行李箱的空間，充實收納功能。

尺寸解析。櫃體特意採用 135 公分寬的拉門，一拉開就能一覽無遺，找到需要的物品，同時在右側下方留出 125 公分高的收納空間，方便存放大型家電或行李箱。

材質選配。櫃體門片特地塗上樂土，灰質的獨特紋理不僅耐髒，當拉門全開時，也能形成客廳的背景牆，巧妙隱藏櫃體的存在感，再嵌入縱橫交錯的鍍鈦不鏽鋼條，視覺層次更豐富。

圖片提供＿一它設計

適切收納

以寵物行為思考收納

因為家裡有十幾隻貓與狗，寵物的行為難以
控制，因此需要將外部物品盡量收納至櫃體
之中，此處隱藏櫃整合不同機能：左側利用
門片與抽屜櫃收整公共區域雜物，中央則擺
放鋼琴，右邊中間與下方為貓咪的餵食區，
並利用門片與抽屜收納相關物品。

材質選配。隱藏整合櫃採用
系統櫃並使用防水材質，方
便清潔寵物嘔吐或排泄物。

尺寸解析。整合隱藏櫃因應不同使
用需求有著不同的尺寸，左側收納
雜物深 35 公分並使用活動層板，
中央深度為 65 公分能完整收納鋼
琴，右側鏤空同樣為 65 公分深，
讓愛貓能在此自由進食。

圖片提供＿渥渥空間設計

Plus 懸空櫃

圖片提供＿一它設計

懸空櫃指的是懸浮於空中的櫃體，分為頂天與不頂天兩種，其能減少量體的壓迫感，讓空間看起來輕盈，多半設置於玄關、客廳、餐廳、衛浴等處，除了設計感外還有方便置物、好清潔的特點，有時也會作為空間隔斷用途。然而因為只靠壁面或天花支撐櫃體重量，櫃體的承重度是設計、施作時需要思考的要點，也因為受限於承重的關係，書櫃、電器櫃較不適合使用懸空設計。

專業諮詢：甬拓設計、寓子設計、渥渥空間設計、構設計

懸空櫃
承重細節

承重 1× 角料

現在的木作或是系統櫃都能做懸空，重點在於加強結構的承重度。角材是用來做為製作結構體內部主要材料，大致上可分為：實木角材、集層角材、塑膠角材等，現在多使用集層材角材，由木片堆疊壓製而成，重量輕又直，能讓木作完成面更加平整。

承重 2× 鐵件

一般來說鐵件的承重力比相同體積的實木來得強大，也比系統板材的強度高很多，因此常用來增加懸空櫃的承重度，相同承載量可以打造得比木作更為輕薄。

懸空櫃
常使用工法

工法 1 × 加強承重

懸空櫃體因為只靠牆面或是上方樓板支撐，因此有加強承重的需求，在著釘、膠合、鎖合步驟，都得額外加強、確實執行，且層板、抽屜與門片都要格外留心間距與精確尺寸，以免骨架不平衡而歪斜變形，減少使用年限。

工法 2 × 隱藏性結構

懸空的工法有全懸空與半懸空，半懸空代表有踢腳或立板支撐櫃體，將結構包覆於內部，使得外表看起來似懸空其實結構位於內側。

工法 3 × 鐵件、角料固定

全懸空櫃體則是以鐵工、角料直接嵌入牆面固定，鐵件增強結構後會再以木板包覆，需注意的是懸空櫃的牆面須為實牆或是加強結構後的木工牆面，避免承重力不足日後坍塌。

圖片提供＿寓子設計公司

懸空櫃
常見尺寸

尺寸 1 × 20 ～ 30 公分

一般懸空櫃依場域需求離地約 20 ～ 30 公分左右，例如玄關處多設定為離地 20 公分，方便擺放常用外出鞋與拖鞋，而客廳則依空間比例設置在 20 ～ 30 公分之間，也能讓掃地機器人自由進出。

尺寸 2 × 依空間比例而定

除了依照需求設定懸空櫃離地高度外，多半還是會依照空間比例調整懸空的高度：思考與空間左右的關係、與誰對齊或是整體立面視覺等比例。

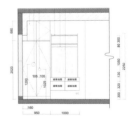

圖片提供＿寓子設計公司

懸空櫃
這樣做

懸空櫃 × 常見風格

懸空櫃適合各種風格，尤其常見於現代風與北歐風居家。現代風格有著簡約、俐落的線條，在這樣的空間中加入懸空櫃是相得益彰，也減輕量體的壓迫感。而北歐風多以白色為基調，加上開放式設計，十分適合現代小坪數的居家，具有視覺放大的效果，而在這樣的空間裡，大型櫃體如電視櫃、玄關櫃等採用淺色、懸空設計能提供輕盈視覺，也符合北歐風調性。

懸空櫃 × 使用目的

多半空間會使用懸空櫃體是因為收納櫃量體太過巨大，透過懸浮效果能讓視覺感受輕盈並增添空間的設計感。此外懸空櫃下方能夠擺放拖鞋、收納籃、掃地機器人等，讓收納更為直覺、便利。

懸空櫃 × 注意事項

因為懸空櫃僅靠天花、立面承受重量，因此擺放重物的櫃體如書櫃、電器櫃、衣櫃等較不會採取懸空櫃形式，這也代表書房、廚房與臥房較為少見懸空櫃的存在。另懸空櫃也不宜做得過深，避免收納過多而崩塌。

好輕盈

利用層板增加櫃體豐富感

玄關的鞋櫃收納，下方鏤空讓櫃體感覺更輕盈，也提供常用鞋擺放區域，且下方保留透氣孔，能疏散鞋櫃異味。為避免牆面皆為櫃體，鞋櫃旁以木製層板和小平台增加開放收納和隨手收納，同時作為玄關造型與端景。與櫃體連結的牆面天花處以弧形修飾，讓櫃體側面也具有設計感。

材質選配。使用皮革把手，增加櫃體質感和空間層次。

設計細節。櫃體下方鏤空減輕櫃體的壓迫感，也將透氣孔設置下方，讓鞋櫃異味能向下排除。

圖片提供＿思維設計

多功能

格柵門片透氣通風且降低壓迫

房子格局的關係，入口玄關尺度有限，因此
利用懸空櫃體設計，化解空間的壓迫性之外，
門片也選用格柵形式，達到透氣通風作用，
內部以層板為主，右側預留懸掛衣物的空間，
可隨手收整常穿的外套或是放置包包使用。

圖片提供＿木介空間設計

材質選配。選用 2 X 2 公分
寬的格柵規格，可適度遮擋
內部鞋子、衣物，同時達到
通風效果。

設計細節。鞋櫃深度一般來說是
40 公分，衣櫃則是 60 公分，為了
讓鞋櫃也能兼具衣帽櫃機能，將
懸掛方式改為正面吊掛，櫃體深
度就不一定非得做到 60 公分。

下方安裝鋁透氣片W30
Ø2圓管毛絲面不鏽鋼吊衣桿L35/
木作前需預埋件

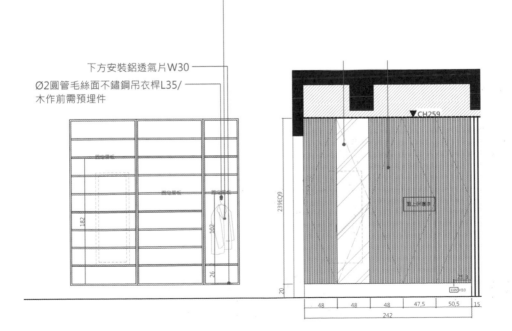

賦予造型

弧形懸空櫃消弭樑柱

現代風的個性化空間，因為客廳電視牆側邊有
一支大樑，設計師決定延續不規則切割線條的
電視牆面至樑邊創造弧形懸空展示櫃消弭樑
柱的巨大量體感受，其中段為開放展示櫃而上
下方則為門片櫃能收納客廳雜物與電器。

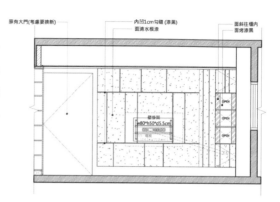

設計細節。工業風的居家設計
師運用幾何線條呈現空間細
節，清水模質感電視牆面以不
對稱的錯落線條切割，讓大片
牆面頓時有了細膩變化。

燈光效果。開放櫃內上方裝置有嵌
燈，能清楚烘托展示品，同時藉由
照明也讓整個櫃體更顯輕盈。

圖片提供＿構設計

整合收納

大櫃體以懸空、鏤空顯輕盈

爲了不讓玄關到客廳的整合櫃體顯得太過龐大，透過木色系統板材整合視覺，並利用懸空營造輕盈感。而在櫃體與電視牆之間透過黑色鐵件層板圍塑型格，同時也能放置影音設備。

設計細節。 懸空設計和部分開放展示收納大大減輕櫃體厚重感，同時增加櫃體造型，也增添收納機能。

材質選配。 櫃右上方層板背牆以木作格柵增添電視牆線條和造型感。

圖片提供＿思維設計

輕視覺

懸浮高櫃，整合客廳與玄關收納

由於屋主期待充足的收納，沿著玄關與客廳安排整排的懸浮櫃體，整合收納機能，鄰近玄關處設置鞋櫃，客廳一側則採用黑色視聽櫃，透過色彩變化，巧妙劃分用途。下方保留 25 公分的懸浮高度，不僅讓櫃體視覺更輕盈，也能收納拖鞋或穿過的鞋子，實用功能更加倍。

材質選配。 整體以系統櫃組成，白色櫃門搭配拍拍手五金，形塑完整乾淨的立面效果，而視聽櫃則改用玻璃門片，通透的設計方便使用遙控，內部的網路分享器、機上盒都能接收訊號。

工法運用。 爲了讓櫃體與電視下方的層板形成懸浮效果，安裝前，先於牆面固定深 20 公分的木作橫條，沿著橫條卡入櫃體桶身與層板，桶身再鎖進壁虎螺絲加強固定。

圖片提供＿一它設計

與貓共生

人與貓的三D互動樂園

全室設計從四位貓主子的視角出發，尊重六位家庭成員的獨特個性與喜好，譜寫與屋主夫妻伴生共融的同居故事。客廳電視牆貼心整合舊跳台，規劃高低動線，希望用熟悉的氣味協助牠們盡快融入新環境；一旁的隧道縫隙、左側酒櫃圓孔，是方便穿梭、藏身的出入口，不僅提供自由與隱私，也是人與貓之間彼此互相偷看觀察的生活樂趣所在。

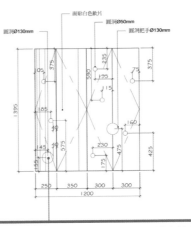

尺寸解析。都說「貓咪是液態的」、「頭過身就過」的概念，洒水櫃門片的大圓孔，把手直徑設定為13公分讓四貓都能順利通行！

設計細節。開孔位置除了方便屋主開闔，也設於半空中的隧道入口、離下方櫃體地面不遠處等地，保證主子們出入安全。櫃體內部隔板為活動式，未來可視成員需求靈活調整。

材質選配。電視牆的立面材質以烤漆、礦物塗料、美耐板與軟膜貼組成。白色部分在外觀部分選用貼膜，因其細緻較薄無黑邊，櫃體內側則鋪貼美耐板。

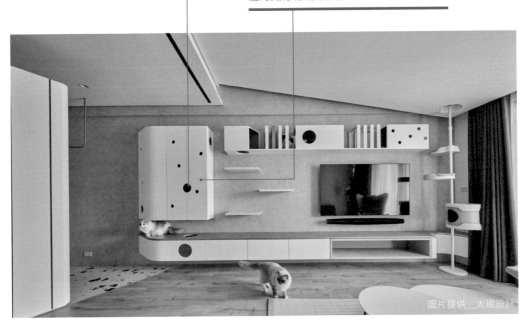

圖片提供__太硯設計

好拿取

圖片提供＿思維設計

結合開放封閉收納

餐廳後方的餐櫃收納，以上下拖開的方式，使櫃體間有放置小家電的平台空間，且中段設置光帶，增加氛圍與平台照明。底櫃下方懸空讓櫃體更加輕巧，上方吊櫃結合開放設計，增加櫃體設計感，也添加放置小物的空間，讓物品拿取更便利。

設計細節。 下方除了門片收納也設置抽屜式收納，滿足多種收納形式，讓餐櫃機能更完整。

尺寸解析。 吊櫃開放收納處高度大約離地140～150公分，方便大人拿取，同時確保小朋友無法碰觸，若有易碎物或藥品也能放心放置。

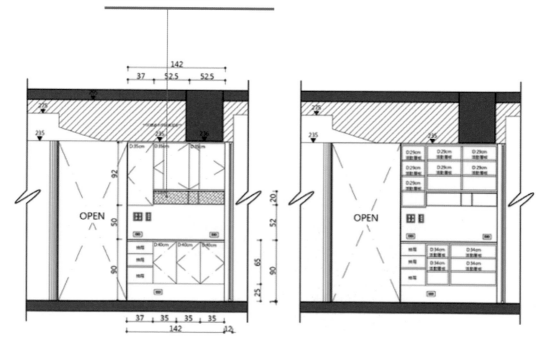

好輕盈

一櫃多用，懸空特性消弭壓迫感

從玄關延伸至餐廚區的大面木作櫃體，除了賦予鞋物、外出衣物的收納，亦可儲藏家用備品，另外還延伸一處電器櫃，放置咖啡機等。造型上，木作收納櫃門片做弧形分割，並面貼木皮帶出溫潤質地，豐富的層次與懸空造型也削弱了量體沉重壓迫感。

材質選配。收納櫃下方高 20 公分的 6 處抽屜，面貼茶鏡，讓其視覺通透更為活潑，另外踢腳板使用不鏽鋼材料鍍鈦處理，增加整體質感。

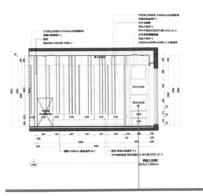

尺寸解析。櫃體總寬度達 446 公分，高 265 公分，另配合電器收納櫃、抽屜與鞋櫃，深度各有不同，規劃獨立的界定範圍，依物品特性擺放。

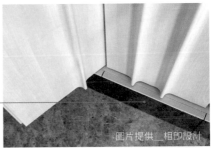

圖片提供＿相即設計

圖片提供＿相即設計

整合收納

淺色懸空櫃展現輕盈收納

因爲空間坪數不大，位於客廳與餐廳間的懸空櫃整合公區收納，懸空櫃下緣與電視層板切齊並選用淺杏色，搭配中央鏤空展現輕盈感。開放式茶水櫃可以擺放小家電與展示品，門片內則可收整雜物，虛實相間凸顯層次。

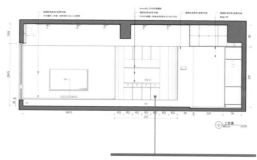

尺寸解析。 懸空櫃深度 35 公分並利用開放鏤空、門片內層板、抽屜滿足廳區的各式雜物收納。

燈光效果。 開放鏤空櫃上方設置燈條，並於中間設置玻璃層板，讓光線穿透時擁有暈染效果。

圖片提供_湜湜空間設計

好方便

懸空二次衣櫃創造視覺層次

臥房門片櫃旁設置一層板懸空櫃吊掛、收納
穿過的外出衣物，結合木紋鐵件層板系統與
懸空的木作抽屜達到最適切的使用狀態，而
與左側衣櫃不同的深度及懸空設計則創造視
覺層次感。

圖片提供＿禹丞設計

設計細節。鐵件吊桿採用粉體烤漆，
而側邊門片選用 MUUTO 掛鉤門把，
既能吊掛物品同時具有設計感。

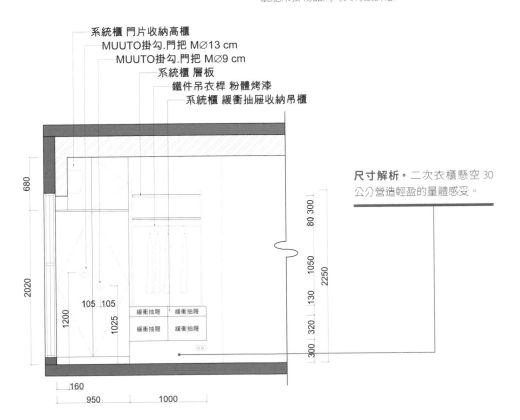

系統櫃 門片收納高櫃
MUUTO掛勾.門把 M∅13 cm
MUUTO掛勾.門把 M∅9 cm
系統櫃 層板
鐵件吊衣桿 粉體烤漆
系統櫃 緩衝抽屜收納吊櫃

尺寸解析。二次衣櫃懸空 30
公分營造輕盈的量體感受。

680

2020

1200

105 105

1025

緩衝抽屜　緩衝抽屜
緩衝抽屜　緩衝抽屜

160
950　　1000

80 300
1050
2250
130
300 320

同色融合

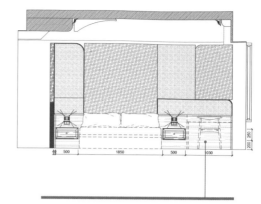

懸浮床頭櫃，維持乾淨俐落的視覺

主臥延續公共空間的色調，床頭背牆下方點綴濃厚的湛藍色，奠定沉穩好眠的基礎，一旁增設同色的懸浮櫃體，方便隨手放置手機、水杯，而抽屜式的設計則能隱藏零碎物品，空間乾淨不凌亂。床頭上方輔以柔軟舒適的繃布、皮革及絨布，與木皮噴漆的床頭櫃相襯，創造多樣層次的材質變換。

尺寸解析。 為了避免轉身碰撞櫃體，高 25 公分的床頭櫃離地 20 公分，整體 45 公分的淨高略低於床鋪，伸手就能方便拿取。

工法運用。 由於下方的木作半牆是實心立面，只要運用螺絲將床頭櫃鎖進牆面，透過立面的咬合就能有效穩固櫃體。

圖片提供＿甘納空間設計

多功能

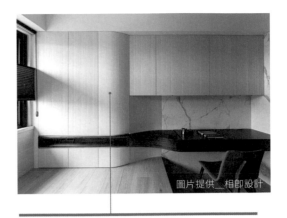
圖片提供＿相即設計

用懸空櫃打造壁面合一的書房機能

4 坪的空間中，依屋主需求設計了書房機能
與衣櫃收納，以白與胡桃木質兩種色調打造
出空間層次。架高地板成爲可坐可躺的區域，
而前方的衣物櫃延伸出書桌，透過圓弧造型
的木作造型連接，一方面削弱櫃體的存在感，
使用也更爲順手。書桌上方規劃懸空櫃，放
置書籍與日常備品。

材質選配。櫃體面貼實木胡桃木皮，壁面則搭配白
色石紋磁磚，讓風格顯得一致，並在櫃體底部的位
置嵌入 LED 鋁擠燈條，使整體視覺俐落不雜亂。

尺寸解析。整合式櫃體的總寬度約 350 公分，左側衣櫃高約 135
公分，右側懸空櫃高約 93 公分，另桌板與地面懸空高度則爲 75
公分左右；並以抽屜來界定兩用櫃，完成多功能機能。

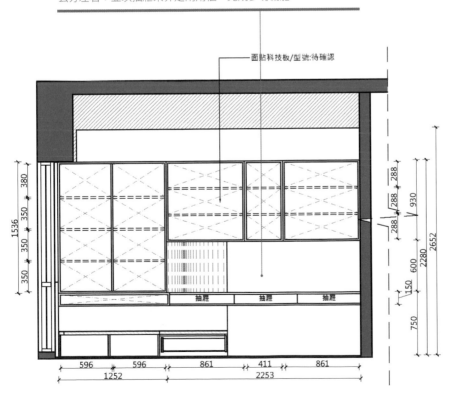

面貼科技板/型號:待確認

抽屜　　抽屜　　抽屜

380　350　350　350　350
1536

288　288　288
930
600
150
750
2280
2652

596　596　861　411　861
1252　　　　　2253

吸睛焦點

燈光描繪書櫃微表情

書房爲男主人在家辦公的專屬場域，特別運用木紋與黑色勾勒陽剛、內斂的沉穩表情。玻璃、格柵、皮紋系統板三種不同的黑，透過內嵌光源爲暈染媒介，表達出相異面料的質地與紋路，破除一整片深色立面量體帶來的呆板壓迫視覺，塑造自然低調的層次感。

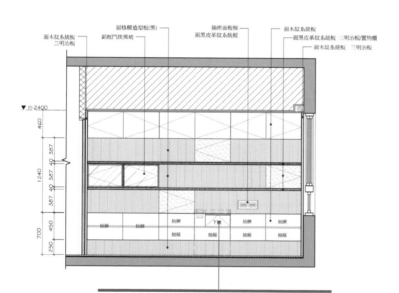

設計細節。櫃體中間的下方抽屜中裝設下掀式門片，設計師將線路插座暗藏於此，作爲書房兼具擴充功能的維修用小機櫃；鄰近書桌位置亦方便未來有加裝事務機等電器需求可以就近拉線處理。

材質選配。 書櫃以玻璃、格柵造型板、皮革紋系統板等三種黑色素材穿插使用，與木紋組構出沉穩內斂的辦公場域氛圍。

燈光效果。 鋁擠型 LED 燈帶嵌於層板靠內側、距離背板 5 公分處，內嵌 1.5 公分 ×1.5 公分縫隙中，用作氛圍燈以及展示陳列用途；光源稍微靠後調整，避免過亮刺眼干擾書桌區域閱讀辦公的男主人。

輕盈視覺

訂製懸浮櫃，適應狹小衛浴

由於主衛面積較小，沒有太多空間能做收納，下方浴櫃以木作量身訂製，以適應狹小空間，同時懸浮的設計也能讓視覺輕盈，方便好清潔。爲了擴增收納，上方再增設現成鏡櫃充實機能。整體以水磨石鋪陳牆面與地面，灰色的中性色調點綴白色櫃體，帶來寧靜質感。

材質選配。浴櫃桶身運用發泡板，表面噴上白漆，搭配灰色人造石檯面，整體耐潮又防水。而洗手台採用下嵌式設計，方便撥水好打掃。

工法運用。背牆先安裝金屬掛件，浴櫃背側則安裝相對應的五金就能掛上，接著鎖住固定，兩側再多鎖兩根壁虎螺絲強化支撐力。

圖片提供＿甘納空間設計

好清潔

簡化材質語彙堆疊設計層次

複層中古屋的二樓空間重新調整格局配置，次臥享有獨立的衛浴空間，並特別將洗手檯移出，同時成爲端景之一，浴櫃採用懸空設計創造輕盈視感，也讓立面更有層次，平日也好清潔。

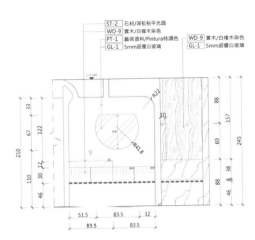

圖片提供＿源原設計

材質選配。浴櫃把手採用實木白橡木染色處理，讓整體材料更爲純粹，也爲簡約的造型增添變化性。

設計細節。懸空浴櫃搭配抽屜形式收納，更方便日常整理。

好清潔

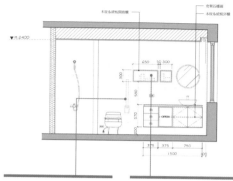

懸浮櫃體、檯面打掃變輕鬆

主臥衛浴延伸公共空間簡約俐落的灰色調，輔以木質系統板增添溫潤自然生活感。女主人日常習慣在衛浴保養，設計師特別選用好清潔的克萊石作檯面材質，同時加大平台寬度，如此一來加上上方開放櫃與下方浴櫃，保養品與衛浴備品、清潔用具都能妥善歸整其中。

材質選配。浴櫃主體為木紋系統板材搭配克萊石薄板檯面。克萊石為具備石英石視感的高硬度磁磚，有耐髒、耐刮、耐高溫等優點，用在頻繁使用的鄰水平台，隨手清潔相當便利。

設計細節。屋主相當重視住家設計的成長性，提出未來年老時可能會需要在馬桶側邊加裝輔助把手，因此設計師便提前改動開放櫃位置，預留空間。

尺寸解析。有別於一般60公分、75公分的浴櫃寬度，主臥浴櫃檯面寬度達150公分，方便女主人在這裡保養、擺放瓶瓶罐罐也不顯侷促。浴櫃離地20公分的懸浮設計也避免櫃腳細節卡汙、碰水疑慮。

圖片提供＿太硯設計

吸睛焦點

高低懸空櫃體兼具收納與視覺樂趣

位於客廳旁側的臥榻，架高打燈不僅讓視覺更有層次，同時是親友來訪時的客房區。後方高低錯落的櫃體增添空間趣味感受，同時下方增加的層板也能擺放書籍、客廳小物，且櫃體與牆面選擇相同色系，宛如與立面融爲一體。

尺寸解析。櫃體寬度 50 公分可收納衣物與客房區棉被，相當方便。

設計細節。雖然三個桶身懸空，但一個桶身直接落地撐起承重，讓整體更爲穩固。

圖片提供＿甬拓設計

Index

一它設計
03-733-3294

十一日晴空間設計
TheNovDesign@gmail.com

十穎設計
02-8661-3291

工一設計
02-2709-1000

王采元工作室
consult@yuan-gallery.com

太硯設計
02-5596-4277

日作空間設計
台北 02-2766-6101

桃園 03-284-1606

木介空間設計
06-298-8376

甘納空間設計
02-2795-2733

甬拓設計
02-8992-6761

奇逸空間設計
02-2755-7255

知域設計 × 一己空間制作
台北總部 02-2552-0208
桃園分部 03-378-3368

思維設計
04-2320-5720

相即設計
02-2725-1701

乘四建築師事務所
02-2701-0113

寓子設計
02-2834-9717

湜湜空間設計
02-2749-5490

源原設計
02-2709-3660

構設計
02-8913-7522

蟲點子創意設計
02-2365-0301

馥閣設計集團
02-2325-5019

懷特室內設計
台北 02-2749-1755
新竹 03-658-7162

Solution Book 149

圖解櫃體百科

六大櫃體╳七大區域╳特色拆解，300+ 櫃體、施工圖面一次網羅

作　　者｜i室設圈｜漂亮家居編輯部
責任編輯｜許嘉芬
執行編輯｜張景威
文字採訪｜張景威、陳尊文、黃婉貞、李與眞、何季妍、劉繼珩、Jessie Cheng
美術設計｜莊佳芳
編輯助理｜劉婕柔
活動企劃｜洪擘

發 行 人｜何飛鵬
總 經 理｜李淑霞
社　　長｜林孟葦
總 編 輯｜張麗寶
內容總監｜楊宜倩
叢書主編｜許嘉芬

出　　版｜城邦文化事業股份有限公司 麥浩斯出版
地　　址｜104 台北市中山區民生東路二段 141 號 8 樓
電　　話｜02-2500-7578
傳　　眞｜02-2500-1916
E - m a i l｜cs@myhomelife.com.tw
發　　行｜英屬蓋曼群島商家庭傳媒股份有限公司城邦分公司
地　　址｜104 台北市民生東路二段 141 號 2 樓
讀者服務電話｜02-2500-7397；0800-033-866
讀者服務傳眞｜02-2578-9337
訂購專線｜0800-020-299 （週一至週五上午 09:30 ～ 12:00；下午 13:30 ～ 17:00）
劃撥帳號｜1983-3516
劃撥戶名｜英屬蓋曼群島商家庭傳媒股份有限公司城邦分公司

香港發行｜城邦（香港）出版集團有限公司
地　　址｜香港灣仔駱克道 193 號東超商業中心 1 樓
電　　話｜852-2508-6231
傳　　眞｜852-2578-9337
電子信箱｜hkcite@biznetvigator.com

馬新發行｜城邦（馬新）出版集團 Cite（M）Sdn.Bhd.（458372U）
地　　址｜41,Jalan Radin Anum,Bandar Baru Sri Petaling,
　　　　　57000 Kuala Lumpur, Malaysia.
電　　話｜603-9057-8822
傳　　眞｜603-9057-6622

總 經 銷｜聯合發行股份有限公司
電　　話｜02-2917-8022
傳　　眞｜02-2915-6275

製版印刷｜凱林彩印股份有限公司
版　　次｜2023 年 5 月初版一刷
定　　價｜新台幣 550 元

國家圖書館出版品預行編目 (CIP) 資料

圖解櫃體百科：六大櫃體╳七大區域╳特
色拆解，300+ 櫃體、施工圖面一次網羅
/i 室設圈 | 漂亮家居編輯部作 . -- 初版 . --
臺北市：城邦文化事業股份有限公司麥浩
斯出版：英屬蓋曼群島商家庭傳媒股份有
限公司城邦分公司發行 , 2023.05
　面；　公分 . -- (solution book ; 149)
ISBN 978-986-408-936-9(平裝)

1.CST: 家庭佈置 2.CST: 空間設計 3.CST: 櫥

422.34　　　　　　　　　　112005945